U0336191

设计你
最好的一年
改变人生的10个问题

［美］金妮·S.迪茨勒（Jinny S. Ditzler） 著

张欲文 译

Your Best Year Yet!
Ten Questions for Making the Next
Twelve Months Your Most Successful Ever

机械工业出版社
CHINA MACHINE PRESS

本书是帮助你实现目标、突破局限的完美指南。书中行之有效的方法将使你拥有有史以来最成功的一年。作者在"设计你最好的一年"计划方面拥有近二十年的经验。她的成果鼓舞人心。在这本清晰明了的指南中，任何人都可以抽出三个小时的时间来改变自己的生活。本书会问你一些具有挑战性的问题，包括你对未来的期望、希望获得的成就和想要实现的目标。只有当你花时间真正想一想明年你想要什么，你才能开始努力实现你的目标。作者要求我们概述自己的成就、失望、局限、个人价值观、目标、人生角色，并告诉我们如何制订自己的计划，从而实现目标并从错误中吸取教训。本书力图通过教练式技术和方法，以及针对十个问题的自问自答形式，帮你提高自己的能力，实现自我的改变，最终拥有完美的一年。

Your Best Year Yet!: Ten Questions for Making the Next Twelve Months Your Most Successful Ever
by Jinny S. Ditzler

Copyright © 1994 BY Jinny S. Ditzler

This edition arranged with DON CONGDON ASSOCIATES, INC.

through BIG APPLE AGENCY, LABUAN, MALAYSIA.

Simplified Chinese edition copyright:

2024 China Machine Press Co., Ltd

此版本仅限在中国大陆地区（不包括香港、澳门特别行政区及台湾地区）。未经出版者书面许可，不得以任何方式抄袭、复制或节录本书中的任何部分。

北京市版权局著作权合同登记　图字：01-2024-3552号。

图书在版编目（CIP）数据

设计你最好的一年：改变人生的10个问题 ／（美）金妮·S.迪茨勒（Jinny S. Ditzler）著；张欲文译. — 北京：机械工业出版社，2025. 1. -- ISBN 978-7-111-77107-4

Ⅰ. B848.4-49

中国国家版本馆CIP数据核字第2024HM6832号

机械工业出版社（北京市百万庄大街22号　邮政编码100037）

策划编辑：坚喜斌　　　　　　　　责任编辑：坚喜斌　陈　洁
责任校对：潘　蕊　薄萌钰　陈立辉　责任印制：刘　媛
唐山楠萍印务有限公司印刷

2025年1月第1版第1次印刷

145mm×210mm·7.125印张·1插页·145千字

标准书号：ISBN 978-7-111-77107-4

定价：59.00元

电话服务　　　　　　　　　　　网络服务
客服电话：010-88361066　　　机 工 官 网：www.cmpbook.com
　　　　　010-88379833　　　机 工 官 博：weibo.com/cmp1952
　　　　　010-68326294　　　金 书 网：www.golden-book.com
封底无防伪标均为盗版　　　机工教育服务网：www.cmpedu.com

致蒂姆：

　　带着我深深的爱和感恩。

　　这种爱总是体贴入微。它最显著的特征实际上是对个人尊严的尊重。它的作用是激发对方的自尊心。它的关注点是帮助所爱之人找到真正的自我。这种爱以一种神秘的方式，在其激励他人最大限度地实现自我超越时，展现了其最真挚且纯粹的本质。

致 谢

撰写这本书最大的福气就是有机会向那些教导我、帮助我的人表达我的感激之情。没有他们的支持，这本书的撰写和我所做的工作都不可能顺利完成。

向所有参加"最好的一年"研讨会的伙伴们致谢——是你们证明了这个方法的有效性，并激励我将它分享出去。

对于我的每一位客户：感谢你们对我的信任，让我能够如此深入地参与到你们的生活中——在与你们的互动中，我领悟到了在本书中分享的许多心得。

感谢我的朋友乔克和苏茜，他们的鼓励让我听到了内心的声音。

感谢我的支持小组的成员，十八年来你们就像我的英国家人一样。

向我最伟大的老师们致敬：维尔纳·埃哈德，他给了我解锁自我力量的钥匙；约翰－罗杰，他开阔了我的心灵；卢·爱泼斯坦，他教会了我如何被爱。

向我在 Results Unlimited 和 The Results Partnership 的勇敢同事和合作伙伴们致敬，在英国变革需求尚未显现的艰难岁月里，你们为变革铺平了道路。

向塞莉亚·布雷菲尔德致谢，她勇敢地记录了与我的教练会话，而那时这样做还颇具风险。

感谢瓦尔·科尔贝特，电视节目《高管教练》的创始人和制片人。他看到了我自己未曾察觉的潜力，并帮助我以强大的方式分享它。

向我在"最好的一年有限公司"和"你最好的一年有限责任公司"的合作伙伴们致意，我们共同怀揣着将这一过程尽快带给尽可能多的人的梦想。

感谢我的英国代理人布鲁斯·海曼，他的坚持和洞察力将这一追求提升到了我独自无法达到的高度。

感谢我的美国代理人丹尼斯·马西尔，她的勇气、智慧和专业知识带我到达了我独自一人无法到达的地方。

感谢我的编辑杰西卡·帕平及其团队，他们帮助我将出版这本书的愿景变为现实。

向我的父母利奥·尤金·安德森和凯瑟琳·托马斯·安德森致敬，我继承了你们的敏锐智慧和坚强意志，你们的爱对我而言意味着一切。

感谢我美好的大家庭，你们鼓励我前进，为我感到骄傲，并帮助我坚定信念。

感谢我的儿子查理，他在很早以前就已经吸收了这本书的内容，让我感到无比骄傲。

感谢我的儿子杰夫，一个伟大的朋友，他的幽默感让我保持欢笑，并在许多方面给予了我巨大的帮助。

最后，也是最重要的，我要感谢我的丈夫蒂姆，他始终如一地爱着我，无论我经历了什么，他都给予了我极大的支持。他让我体会到了真正的幸福。

译者序

"如果我有魔法棒，我希望每个人都可以拥有自己的最好的一年。"

2021年的12月我第一次读到金妮·S.迪茨勒的这本书的时候，就被这本书的名字所吸引——"设计你最好的一年"。这听起来太有诱惑力了，尤其是在一年即将结束的时候。我也很好奇，到底是哪十个问题能够让一个人的人生发生彻底的改变？同时我还有一丝疑惑，这该不会又是讲有关人生大道理的书吧？可是，当我打开这本书之后，我就对它爱不释手，连续读了6遍以上。因为我太喜欢书中的十个问题了，每读一次，这些问题总会带给我新的觉察和思考，帮助我找到关于生活的答案。

除了书中的十个问题带给我的持续不断的惊喜、觉察与思考，更令我惊叹的是，金妮·S.迪茨勒分享了她自己的真实故事。其中令我印象深刻的一个故事是，有一次高中舞会，她邀请喜欢的男孩做舞伴却遭到了对方的拒绝，从那之后，她再也不敢主动追求自己心仪的对象了。为了避免自己再次陷入这样的尴尬处境，她在心里默默地给自己上了一道紧箍咒：能有人接受我就不错了，别妄想我喜欢的人会喜欢我了。这是她给自己的限制，也是她对自己的保护。而这样的自我设限也导致她在亲密关系中始终处于被动等待的位置，令她在三十多年的时间里，始终无法敞开心扉进入理想的亲密关系。直到她意识到自己的限制性信念的危害，并开始转念和相信：我配得上所有我喜欢的人。从那之后，奇迹发生了，她遇见了此生挚爱，她的先生蒂姆，两个人是彼此的灵魂伴侣，他们携手相伴直到金妮生命的尽头。

今年我有幸见到了蒂姆，并跟他进行了一次线上的访谈对话，这位80多岁的老先生精神矍铄、思维敏捷，对生命依旧充满了激情与热爱。当他提到金妮·S.迪茨勒时，脸上是掩饰不住的骄傲、幸福和赞叹，他说金妮·S.迪茨勒是他遇到过的最棒的女人，是金妮·S.迪茨勒让他成为一个好男人！我想最令人羡慕的伴侣关系莫过于此了，执子之手，与子偕老，在岁月的洗礼下，彼此都成了对方心目中最好的人。

这分明不是一本讲爱情的书，我不知怎么就聊到亲密关系了。一方面自然是出于我个人对他们幸福婚姻的羡慕；另一方面是我认为一个好的助人产品，一定是经过创始人本人亲身验证过，并行之有效的。因为，只有真实的故事才是最具影响力的。

如果金妮·S.迪茨勒一直抱着旧有的信念不放，我想，即使蒂姆站在了她的面前向她表明爱意，她也很可能会因为自身的限制性信念选择落荒而逃，从而错失这段良缘。

我们是自己思想和信念的产物，我们选择相信什么，现实就会出现与之相应的结果。

你是否认为"做喜欢的事情，就无法养活自己"，于是被困在了能养活你却并不喜欢的工作中？

你是否认为自己太忙了，无法停下来关心和照顾自己，于是你的时间永远都不够用？

你是否因为害怕自己不够好，而不敢争取晋升的机会，不敢建立你渴望的关系，而遗憾错失了许多机会？

这些隐藏的信念就像是熟悉的老朋友一样与我们如影随形，它们守护着我们眼前的安全和安逸，却也形成了一道无形的门槛，阻碍我们做出改变。要想有所突破，我们需要向金妮·S.迪茨勒一样通过持续不断的觉察去识别已有的限制，并勇敢地打开一扇窗，迎接新的挑战、新的可能。

"最好的一年"的十个问题，就是帮助我们开启新一年的大门的钥匙。通过书中的十个问题，你会练习感恩和认可，庆祝你已经实现的成绩。你也会有机会坦诚地面对内心的挫败与失望。无论你过去的一年是成功还是失败，我们都可以从过往的经历里持续学习和成长，总结经验教训，放下遗憾，继续前行。除了这些，你还会逐步接近自己的限制，认清内在的价值，看到你生活中重要的角色——你擅长哪些角色，你忽略了哪些角色，以及你要如何更好地关照自我。接下来的一年会发生些什么，哪些事会让你感到兴奋、激动、充满希望和能量？随着你对书中十个问题的思考，你的答案会逐渐浮出水面。即使当下你没有找到最满意的答案也没有关系，你随时都可以回到这十个问题，通过它逐步指引你设计出你的"最好的一年"计划书。

你的"最好的一年"计划书，就是你通往接下来一年的旅行地图。这张地图会指引你走向你想去的目的地，并帮助你在迷路时及时校准方向。

我在和金妮·S.迪茨勒的先生蒂姆进行对话时，这位智慧的老人依旧对"最好的一年"充满了热情，他说："如果我有魔法棒，我希望每个人都可以拥有自己最好的一年。"说着，他真的就拿出了一根哈利·波特同款魔法棒，隔着屏幕在我面前晃了几圈。然后对我说："南希，生活是需要奇迹的。我们需要相信奇迹，并创造奇迹。"

于是我暗下决心，一定要把金妮·S.迪茨勒的书翻译成中文，我想要让更多的人读到这本书，想要让更多的人有机会拥有自己的最好的一年。四十多年过去了，终于，这本书迎来了中文简体版的首次出版，而我也成功地给自己创造了一个新的角色——译者。这些对我而言都是计划之外的奇迹。

我们相信什么，什么就会发生。祝愿你从此刻开始，创造属于你的最好的一年，书写你的奇迹故事。我也很期待听到你的故事：coachnancy2021@gmail.com。

张欲文

前 言

　　欢迎你一起创造一个迄今为止最好的一年——并且让它年复一年，成为你未来生活的常态。

　　"最好的一年"的体验设计致力于深入探索你的思维模式和行为习惯，帮助你获得全新的自我效能和达到自我实现的新高度。在为期三个小时的自我探索过程中，你将有机会退后一步，全面审视自己的生活，并为接下来的一年做出规划。通过回答十个简单的问题，你可以清晰地梳理自己的思路，并确保接下来的一年是你最好的一年。在你的个人工作坊的全部工作结束时，你将获得一份简洁的一页纸计划，它将伴随和指引你未来十二个月的生活。

　　在过去二十多年中，成千上万的人采纳了这份一页纸计划，我们共同创造并优化了年度回顾与规划流程，从而极大地增强了其影响力。事实上，我们显著提升了个人实现目标的能力，许多人在财务、职业和人际关系方面取得了显著成就。更为关键的是，通过短短三个小时的投入，我们获得了一个更广阔的视角，这不仅让我们有机会为生活和所从事的工作赋予更深远的意义，还引领我们达到一个新的自我意识层次，使我们能够更清晰地认识自己的生活方式，并且更有力地掌控自己的生活。

　　无数人年复一年地采用这套方法，它不仅帮助人们在生活上实现了根本性的转变，还使人们通过实现生活中真正重要的目标而感到满足。正如一位朋友所言："我意识到，过去我并没有真正按照自己的意愿生活。但现在，我不再推掉那些对我来说至关重要的事情。"

已经有如此多的人学会了主导自己的人生，这是多么美的景象。我将这套方法应用于自己的生活，并惊讶地发现它为我带来的成就和个人成长。从第一次尝试以来，在某种程度上，我生命中的每一年都是最好的一年。因此，正如我经常在工作坊中对参与者说的："如果一个来自内布拉斯加州的普通学校老师都能做到这一点，那么你也可以！"

我再次诚挚地欢迎你，并邀请你加入我们的行列，一起踏上这段自我实现的旅程——以一种彰显个人价值、充满自尊的方式生活。

如何使用本书

"最好的一年"公开工作坊是一个全天的活动，但多年来，许多人选择独立完成，通常需要大约三个小时来深入回答十个关键问题。看到人们在独立完成时取得的显著成功，我深感这是一个简单而有效的自助过程。

许多人选择在一月制订他们的"最好的一年"计划，以便为整个自然年提前做好准备。然而，事实上，这套反思和规划的过程可以在一年中的任何时候进行，并且同样能够取得成功。不要将这本书仅仅视为规划今年一月到明年一月的工具。如果你现在正在阅读这本书，那么现在就是回答这些问题、相信自己能够做到并开始行动的最佳时机。

本书共分为三个部分：

第一部分：我们将深入探讨"最好的一年"设计的核心原则，并分享众多参与者的真实体验和故事，这些故事将为你提供灵感和动力。

第二部分：这部分由十个问题构成，每个问题都配有独立的章节。我会对每个问题进行深入的背景介绍和详细解释，帮助你更深入地思考并独立回答这些问题。

第三部分：这是你的"最好的一年"个人工作坊。在这里，你可以在空白处写下对每个问题的答案，并制订接下来十二个月的一页纸计划，将你的想法和计划具体化。

当然，每个人都有自己独特的工作风格。根据你的个人风格，你可以选择以下任意一种方式来开始你的"最好的一年"之旅：

你可以立即翻到本书的第三部分，开始回答"最好的一年"的十个关键问题。如果在回答的过程中你遇到任何难题或需要更深入的解释，你可以回到第二部分，查找与你正在回答的问题相关的章节，那里有详细的背景介绍和指导。

你也可以选择先阅读本书的第一部分和第二部分，为你的个人工作坊做全面的准备。在阅读的过程中，你可以做一些笔记，记录下你的思考和灵感。阅读完毕后，建议你安排三个小时不被打扰的时间专门用来回答问题，并在第三部分写下你的答案。

无论你选择哪种方式，祝你享受这段旅程！

转折点

我的这个想法诞生于 1980 年的元旦，那天，我和当时的男友蒂姆——现在是我的丈夫——在我们伦敦的公寓中醒来。我们在英国工作还不到一年，而我们开始共同生活也仅仅几个月。我们是在前一年春天从美国的不同地方来到英国后不久相识的。

也许我需要转移一下注意力，因为前一晚我做出了戒烟的决定，并且已经公开宣布，现在已经没有回头路了。又或者是对即将到来的新十年的憧憬。谁知道呢！但不管怎样，这是我很长时间以来第一次开始认真思考未来的一年，以至于在我们起床之前，我提出了一个想法——我们去参加一次马拉松比赛，而蒂姆也欣然同意了。

这是我那年唯一记得的目标。可能是因为我们当时还没有确定要继续在一起，所以提前规划未来对我们来说还只是一件尝试性的事情。我们实际上还没有到达一起规划共同生活的那个阶段。

我们决定参加五月的巴黎马拉松。这个目标在今天可能看起来并不那么特别，但在 1980 年，伦敦马拉松赛还不存在，而在路上跑步，尤其是女性跑步者，会招来不少好奇甚至是不友好的目光和指点。

我们开始了马拉松训练，虽然我们已经有每周慢跑数英里（1 英里 =1.609 千米）的习惯，但为了备战马拉松赛，我们被建议需要一个全新的训练计划。在马拉松开始前的最后一个月，我们的训练量逐渐增加，每周跑步超过 50 英里。随着训练的深入，我们开始将训练路线从富勒姆的主教公园扩展出去。我们会跑过普特尼桥，沿着泰晤士河边的小路，从哈默史密斯桥下经过，一直跑到接近马拉松赛跑半程的地方，然后沿着相同的路线返回家中。这对我们来说非常有挑战性。

到了三月中旬，随着冬季的逐渐远去，我们感到一切都在向好的方向发展。当我们与朋友们分享我们的马拉松计划时，一些人表现出浓厚的兴趣。很快，那个在一月初看似荒谬的想法开始焕发出自己的生命力。最终，我们组织了将近 100 人，乘坐两辆大巴前往巴黎。我们度过了一段非常愉快的时光，并且为慈善事业筹集了数千美元。

那是一场难以想象的挑战——我感觉自己似乎永远无法到达终点，而对蒂姆来说，这种痛苦更是难以言表。我们肩并肩地跑完了全程马拉松。在某个时刻，他的痛苦和混乱达到了极点，以至于在 20 英里处的饮水站，他差点儿朝着起点方向跑回去。但最终，我们做到了。我们设定了一个看似疯狂的目标，并且成功地实现了它，那种自信和喜悦的感觉在冲过终点线后久久不散。最重要的是，我学会了坚定地向前迈进，在这个过程中，我发掘了自己未曾意识到的新力量和能力。如果我不曾强迫自己追求这个目标，那么我可能永远都不会发现这些潜力。

到了 1981 年元旦，我和蒂姆订婚了，我们依然住在那间租来的公寓里，开始思考如何规划新的一年。回顾过去，我们确实度过了一段美好的时光。参加马拉松比赛无疑是那一年中的亮点，但除此之外，我们的生活并没有太大的变化。到了1980年年底，我们决定买栋属于自己的房子，却在准备过程中惊讶地发现，我们的净资产竟然是负数。事实证明，无论是我还是蒂姆，要在伦敦开展事业都不容易。尽管我们并没有因此感到沮丧，但我们的未来道路仍然不明朗。

我当时辞去了一份不错的工作，因为需要调回美国，而我想留在蒂姆身边，但我还没有找到下一份工作。我们进行了许多次深入的长谈，探讨他是否真的想要继续在商界发展。虽然我们在一起很幸福，生活也很愉快，但大多数时候我们的经济状况都很紧张，每个月只能负担得起在当地餐馆吃一顿饭。然而，现在回想起来不难发现，那些日子对我们来说是一个重要的转折点。

正是在那段日子里，"最好的一年"工作坊诞生了，尽管我直到第二年才开始为他人引导这个课程。当我们坐下来规划未来一年时，很自然地，我们回顾了1980年在我们每个人身上发生的事情，并以此为基础创造了这个过程。我们做好了最坏的打算，但最终我们发现所取得的成就远远超出了我们的预期。这让我们对自己和对未来的生活都充满了更多的希望——顺便说一句，这么多年来，这几乎是每一个加入"最好的一年"工作坊的人都会有的体验。

那天结束时，我们每个人都设定了100多个目标。1981年绝对称得上是我们最好的一年：我们结婚了，还参加了三场马拉松比赛，并且我们俩都开启了自己的事业，这些事业至今仍然在持续发展。

尽管如此，我们却以一个较低的分数结束了那一年。因为我们设定的目标太多了，导致这些目标根本没法被全部实现。当我们把这个练习教给其他人时，很明显，当目标设置得太多时，我们连其中的一半都难以跟进！现在，这个练习已经简化，帮助我们找到十大目标，整个过程只需要三个小时或更短的时间。

1980 年元旦的那个早上，我们设定了参加马拉松的目标，这标志着我们开始了一种新的生活。而当我将这个过程转化为工作坊时，它为更多人提供了实现类似目标的机会。在这个过程中，我们一起探索了如何运用我们的智慧和常识，从过去一年的经验中吸取教训，并为接下来的一年制订有效的计划。

蒂姆和我在顺境和逆境时都会做这个年度练习，无论发生什么，我们每年都会抽出时间来确保完成它。即使有些年我会在过了好几个月之后才再次查看目标，但仅仅是制订接下来一年十大目标的过程就会产生强有力的聚焦。当然，没有哪一年是相同的。有些年，目标聚焦的是金钱；有些年，目标聚焦的是健康和幸福；有些年，目标聚焦的是与家人的关系；有些年，目标聚焦的是与我最喜爱的慈善机构合作；有些年，目标聚焦的是面对我根本无法预测的挑战。

很显然，我们并没有实现所有目标，也没有像我们原本计划的那样严格跟进每个目标的进展。尽管如此，"最好的一年"工作坊持续为我们提供了规划生活的框架，让我们每年都有机会从过去一年的经验中学习，然后在此基础上继续前进，迈向新的目标。

　　有时，在年底总结回顾时，我们感觉自己就像是个人生涯规划的大师；而有时，回顾过往则需要我们有非常大的勇气。但多年来我们一直坚持了下来，这让一切都变得不同。无论是物质成就还是生活质量，我现在的生活和过去已经截然不同。我幸运地过上了理想的生活，这超出了我孩提时所能想象到的一切。

　　正是这些年对"最好的一年"的持续实践，推动我们不断前进，并帮助我们持续不断地学习和成长。尽管事情并不总是尽如人意，但我学会了尽我所能按照本书中介绍的方法去应对发生的状况。这么多年来，在许多人的帮助下，"最好的一年"已经演变为由十个问题构成的简单流程，可以随时被任何人使用。虽然我希望我能做到不将我的信仰强加于任何人，但我热衷于传承"最好的一年"，因为它对我和许多人来说都意义重大。

　　对我来说，最棒的部分是对自我的认识。我的自信心，我对自己特殊才能的欣赏，我能够解决生活中棘手问题的能力，还有我可以按照我想要的方式生活——我能深刻地感受到在这一点上我做得越来越好——都是我在每年的年度规划练习中获得的最重要的收获。

　　转身面对生活中最痛苦的挑战，使我拥有了持续成长的力量，以及越来越深刻的对我是谁的感知。每当我自己能够做到这一点时，我指导他人和鼓舞他人这样去做的能力就会增强。如果我能做到，你也能做到。随着我能越来越好地践行我所说的，我与他人工作的效果也在持续不断地增强。但我仍在学习，并将永远学习。我曾经有一次听到关于鲁契亚诺·帕瓦罗蒂的电台采访，他说他从未停止过歌唱训练，并且直到他去世的那一天也不会停止学习。

受"最好的一年"的启发，蒂姆和我开始每周进行一次"最好的一年"的简化版规划。那个时候我们两个经常工作到很晚，一周内都很少能见面，这严重损害了我们婚姻的质量。然而我们面对这一挑战的方式，最终不仅修复了我们的爱情，而且还加深了它，这是我们取得转变的最好的例子。

大约一年前，我们开始了"星期五之夜"，这是只属于我们两个人的派对。我们会拿出一瓶酒，再放上音乐，然后促膝长谈，直到言尽为止。

为了减缓那些痛苦的时刻带来的影响，我们开始轮流举杯庆祝过去一周里发生的最美好的事情。这使我们发现，即使在最糟的一周里，也存在值得我们感恩的微小的奇迹和事物。有意识地把注意力聚焦在我们是多么幸运，而不是陷入生活的不幸，这真的会带来很大的不同。

这才是真正的礼物。即使我们突然失去了一切，我们也有勇气从头再来，或者放下一切，去过简朴的生活。我真诚地相信，我们培养起来的内在力量是无法被夺走的，无论发生什么，我们都会没事。

最重要的是，我写这本书的动机是让这种真正的成功对你来说成为可能——通过教你方法，帮助你设计更有意义的生活，让你主导自己的人生。

　　这么多年来，我见证了许多人因此改变自己的人生，他们会认真思考自己真正想要的是什么，并为此付诸行动。是他们激励我创作了这部著作，让更多人拥有改变人生的可能。不早也不晚，现在，是你让接下来的一年成为最好的一年的最佳时机。

目 录

第一部分

三个小时改变你的人生

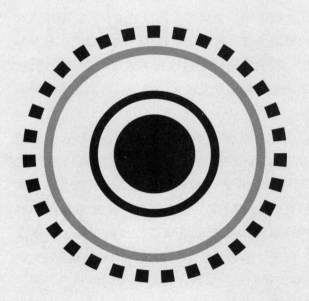

Part One

设计"最好的一年"的核心原则

目标设定

成功的企业都会提前制订目标和计划。它们知道，为了实现所期望的重要变革和业务增长，它们必须确定每年的优先事项，这样才能带领员工聚焦方向以达成目标。对个人来说，实现成功的秘诀也是一样的——每年一次，设定生活目标，提前制订计划。我们也可以通过这种方式处理生活中的重大问题，确定什么才是对自己意义重大的事情，并做出我们希望发生的重大改变。

我相信你对目标并不陌生——我们所有人都知道。我们都曾设定过目标，甚至成功地实现过很多目标。大概到了8~10岁的时候，我们开始对自己想要追求什么有了初步的认识。然后在青少年时期，我们更清楚地知道自己的目标是什么。浮现在脑海中的有取得学位、找份工作、买辆车、有一栋自己的房子、结婚生子……很快，当我们到了25岁、30岁甚至35岁，我们早已实现了许多年少时向往的目标，并确信自己正朝着其他目标迈进。与此同时，新的目标也在我们的脑海中不断形成。

然而，随着生活的继续，目标的设定变得越来越随意和稀松平常——因为需求和欲望在不知不觉中已经植入到我们的思想中了。我们很少会设定以一年为周期的目标，而且，我们也并不清楚哪一个目标对我们来说是最重要的。事实上，我们在追求目标之前，几乎都没有认真地评估过我们所追求的目标是否值得，以及它们对我们来说是否真正重要？

也许你每天回到家都已经筋疲力尽，然后习惯性地打开电视，而不会想要坐下来与所爱之人共进晚餐，或是听你最喜欢的音乐，或是读一本你一直想看的书——也不会想要规划你接下来一年的生活。

当我们年岁渐长，逐渐成人之后，我们不再像曾经一样就目标认真地思考。就像我们曾认真地规划过要去哪里读书，想做什么职业，离开父母之后要到哪里生活。现在，我们开始更多地依赖"直觉"行事，从而适应环境的变化、满足当前的即时需求、回应周围人的需要。这一切几乎变成了一项全职工作，甚至更甚。时间飞逝，很快我们就感觉到对生活失去了掌控感，而我们对此却无能为力。那些对我们最重要的事情始终没有得到足够的关注，生活变得令人沮丧。我们感到自己不再是生活的掌控者。

引用一段我最近读的书的内容："如果我们观察自己的生活，就可以很清楚地发现，我们一生都在为无关紧要的'责任'忙碌。有一位智者把它们比喻为'梦中的家务事'。我们告诉自己要花点时间在生命中的大事上，但我们却从来找不出时间。"

总有些事情是必须要做的，对此我们感到别无选择。当我们做了所有该做的事之后，我们太累了，以至于没有精力再考虑做一些别的。渐渐地，我们对诸如新年规划和终身目标之类的事情变得越发不屑。何必做无用功呢？

我们常常觉得，最让我们感到挫败的情况和问题都不在我们的掌控之中——我们似乎无法改变什么，于是我们选择放弃，尽力去适应。我们无法想到，其实我们能够对那些最深层的挫败感采取行动。我们放弃了追求更有意义和更充实的生活，选择了安于现状。我们放弃了自我，也放弃了我们实现改变的能力。

然而，我们的内心有一部分并不愿意安于现状——这部分会在午夜苏醒，担心的同时也在思考着对我们最重要的事情：我现在到底在做什么？我又实现了什么？为什么我不能更好地利用我的时间呢？我能做些什么来更好地照顾我的家人？什么时候轮到我做主？生活除了所有这些担忧和挫折，肯定还有更重要的意义吧？重点是什么呢？

或许你正在听音乐、看戏剧或电影，有那么一刻，你从忙碌的生活中抽离出来，被触动了且回想起真正的自己，以及你对自己和所爱之人的期望。然后，音乐或戏剧结束了，这些重要的问题便淡出脑海，被惯常的怀疑和恐惧所掩盖。日子继续过去，如同往常一样，而你并没有花时间思考你真正想要的是什么，以及你愿意如何实现它。

 进行"最好的一年"的最强动力是寻找一种生活方式，这种方式能够揭示对你来说真正重要的事物，从而使你能够忠实于自己的内心。

也许你和许多人一样感到沮丧，在内心呐喊着："我受够了！"你设定了一个目标，然后开始采取行动，但紧接着动力消失。最常见的是，我们设定了重要的目标，却并不相信它会实现，于是，用不了多久我们就会失去动力。我们忘记了如何将注意力聚焦在我们的成功上，而不是我们的失败和错误上。我们看不见杯子里已有的半杯水，从而总是陷入对现状的不满以及对自我的怀疑与否定之中。

人类对于记住失败和忘记成功有着巨大的能力。失败的记忆导致我们降低了对自己的期望和评价。我们在"问题"的阴影下被冻住了，无法转身面对它们。尽管在生活的某些方面我们可能强大有力量，但在面对那些给我们带来巨大痛苦的问题时，我们似乎失去了力量。

以下是有关问题的例子——很多是由客户分享的，其中有一些是我自己曾经历过的：

- 我和处于青春期的儿子的关系越来越疏远了：那个曾经喜欢边跑边扑到我腿上，并且什么都跟我说的聪明活泼的小男孩，已经离我远去了。我不能多想，一想到这些我就想哭。

- 我梦寐以求的成功现在终于实现了，但我的工作比以前更多了，我丝毫没有时间享受成功的喜悦。时间过得飞快，我却不能好好利用它。我为之牺牲了那么多的梦想，现在也都破灭了。

- 曾经我可以轻松地跳上楼梯，并能够持续工作或思考数小时而不觉得疲惫。现在，我的身体就像是被消耗殆尽了，而我也没有时间来恢复健康——无论如何，可能都太晚了。

- 我似乎大部分时间都在办公室开会、处理紧急事件或解决别人的问题。我似乎永远也无法从工作中抽出时间去思考未来以及我要如何一劳永逸地摆脱这些困境。

- 我想要做出成绩，我希望我的生活是有意义的。我怎样做才能在工作中获得更多的成就感呢？我是不是应该辞职，去找一份能让我有更多机会实现这一目标的新工作？为什么我就不能花一点时间思考我的职业生涯呢？

- 我感觉我总是在做无用功。永远都有一个截止日期在等着我，永远都是明天。我知道我应该提前计划，尽量不拖延，可我就是没时间！

- 我到底有什么问题？为什么这个世界没有一个人愿意爱我，愿意和我分享生活？我害怕一个人。

- 我感觉自己被困在现在的工作中进退不能。他们不知道我有多优秀，或许永远都不会知道。但我真的不知道该上哪找一份理想的工作。我不知道该怎么做，所以什么也没做。

- 为什么我就不能让头脑中喋喋不休的声音安静一会儿呢？哪怕每天一次也行，花一点时间沉思、冥想，让头脑中的任务清单消失一会儿？我要怎么做才能获得内心的宁静？

- 是什么在驱动我的生活？是我，还是我的房贷？我的精力和能量花在了赚钱上，但我却不知道这种为了生存持续奔波的状态什么时候是个头。

- 我与之结婚多年的那个人，曾经那么深爱着我，会把我说的每一句话都放在心上，现在却忙到对我无暇顾及。现在，我感到沮丧、愤怒和怨恨，以至于我已经不在乎他怎么对我了。

我们越是忍受这些痛苦而不去追求梦想，我们在自己眼中就会变得越来越渺小，并逐步失去让生活发生改变的能力。到了某个时刻，我们不再思考任何改变的可能性，认为"现实就是这样，没什么好抱怨的"。那时，像"开始享受我已取得的成功""给生活增添一些浪漫""找一份新工作，给自己一个新的机会来证明自己"这样的目标，可能再也不会出现在我们的视野中。

有些时候我们会向自己保证，比如：

- 今晚回家后不再看电视。

- 这个周末我会带儿子出去兜风，看看是否能拉近我们的关系。

- 从下周一开始减肥！

- 今晚回家的路上就顺路去健身房锻炼。

- 明天一大早我就开始搜索招聘信息，选出一些我可以申请的工作岗位。

- 今天回家的路上，我准备停下来买一些鲜花，还有一瓶酒……

通常，我们都无法说到做到。随着这种情况发生的次数增加，我们就会变得越发无力，越来越难以信任自己。这种困境并非因为我们缺乏规划或目标设定，而是我们对自己的能力产生了怀疑。我们开始相信自己无力做出重大改变，这种信念导致我们停止设定目标，不再进行有意义的规划。而我们真正向往的生活也变得遥不可及。

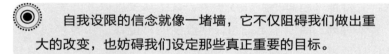

自我设限的信念就像一堵墙，它不仅阻碍我们做出重大的改变，也妨碍我们设定那些真正重要的目标。

一旦这样的情况发生，我们就会开始用熟悉的防御方式和各种各样的理由来进行自我保护。比如：

- 一旦事情变坏了，你真的无法改变它。
- 何必再去想它呢？反正我知道自己也负担不起我想要的东西。
- 设定目标和思考自己想要的东西，感觉太自私和以自我为中心了。
- 我想保持开放的选择权。
- 等我度过这段忙碌时期，我会真正花时间来整理自己。
- 思考我接下来的方向和要做些什么，这真是乏味。

- 我不愿意为了未来的某个目标而牺牲现在。
- 我无法忍受再次尝试然后失败的想法。
- 老狗学不了新把戏。
- 我真的懒得去操心。

我们不会愿意坐上一辆车,却不知道它将驶向伯明翰还是伯恩茅斯。然而,不知不觉中,我们成了自己人生的旁观者。年复一年,我们从未想过要停下脚步,检查一下车况,确认我们的目的地。我们只是坐在后座,被忙碌的生活所占据,节奏如此之快,以至于我们没有时间停下来审视车况、思考其他可能的路线,或者在必要时重新设定目标且调整方向。简而言之,我们忘记了掌控方向盘。

最好的一年

"最好的一年"的三个小时梳理过程迫使我们下车,更好地审视自己和我们的生活。我们走了多远?我们取得了哪些成就?在哪些方面我们做得很好?关于这趟旅程,我们学到了什么?我们是否走错了方向?

这项练习虽然并不容易,但它比起痛苦的自我责备,是一种令人愉悦和振奋的体验。它帮助我们面对生活中的重要问题,并进行深入的反思和复盘。对许多人来说,最大的挑战是在忙碌的生活中挤出三个小时来进行这项练习。如果我们想要承担起创造理想生活的责任,而不仅仅是应付眼前的困境,我们必须做出选择,开始设计自己"最好的一年",而不是忙于其他事务。

对我们大多数人来说，最难的是放下那些看似立刻需要处理的事情，转而投入到制订"最好的一年"的计划中。我们的"最好的一年"工作坊通常会在周六举办活动，而对于那些愿意抽出时间参加的人，他们必须做出牺牲：放弃每周的洗衣、打扫、写信、支付账单、见朋友——或任何其他他们通常在周六会做的事情。

即使人们花了一整天的时间来参加工作坊的活动，他们会发现衣服总会被洗好、饭总会被做好，一些事总会得到解决。这些事情并不是问题所在——腾出时间来规划你的生活才是关键，一旦你做到了，它给你带来的影响远远比洗完衣服要大得多。那么，请你振作起来，拿出纸和笔，坐下来回答这十个问题。或者像那些参加过工作坊的人一样，约上你的朋友、家人或者同事，花三个小时共同完成这个练习。

这个过程需你回顾过去的一年，然后通过回答以下十个问题，计划和思考你接下来的一年：

1. 我实现了什么？

2. 我最大的失望是什么？

3. 我学到了什么？

4. 我是如何限制自己的，以及如何停止自我设限的？

5. 我的个人价值是什么？

6. 在生活中，我扮演了哪些角色？

7. 接下来一年，我要重点聚焦哪一个角色？

8. 对于每一个角色，我的目标分别是什么？

9. 接下来一年，我最重要的十个目标是什么？

10. 我如何才能确保实现我的十大目标？

设计"最好的一年"的过程，就像规划园艺种植一样。我并不是第一个将生活比作园艺的人。在为新的一年播种之前，我们需要先准备好土壤。通过回答前两个问题，我们回顾了上一季的成果和失败，分析了哪些植物茁壮成长，以及哪些植物未能成活。第三个问题则帮助我们沉淀经验并吸取教训，以便将这些宝贵的知识应用到接下来的一年中。

当我们回顾园艺种植过程中的成功与失败时，免不了会感到内疚或自责——这是个很好的学习机会。我们应该花时间庆祝过去一年的成功，并从中汲取力量，而不是让失败压垮我们。换句话说，让我们放下所有的失望和挫败，就像拔掉花园里的杂草一样。为什么要让这些消极因素占据你的心理空间呢？

第四个问题标志着播种前的最后准备。在此之前，我们都在为土壤施肥——通过沉淀经验、吸取教训和对未来一年进行规划，我们使每一块土地都变得肥沃。为你的心灵花园施肥，意味着你的思考方式必须与你想要实现的成功相一致，而不是用消极的思想来影响你的思维方式。想象一下，一个充满挫败感的心灵花园能长出什么？设计"最好的一年"的秘诀就在于在肥沃的土壤中播种。

◉　　很多时候，人们在设定目标时并没有为实现这些目标
准备好自己的内在环境。"最好的一年"的方法经过了超
过 40 年的持续完善，它以一种简洁而清晰的方式帮助你
准备好你的内在环境。

　　这就是为什么在设计"最好的一年"的过程中，你首先要
回顾过去一年的生活，回顾你所取得的成就，并专注于那些值
得庆祝的事情。是的，你做到了！这第一步的目的就是为了平
衡你对过去一年的记忆以及你对自己的认识。我们往往容易记
住自己的失败——比如未能兑现的承诺、让他人失望的时刻、
新年计划的快速放弃、体重减轻的失败、未能坚持的跑步计
划、未完成的早晨冥想、未写的信件、未清理的橱柜、未读完
的书籍、失去联系的朋友、错过的陪伴孩子的时间……在这些
方面，我们的记忆往往是如此生动和清晰。

　　作为人类，我们常常忘记了自己曾经做得有多好，以及我
们取得了多少成就。我们完全忽视了自己拥有的优势和天赋，
因而未能利用这些天赋去实现我们想要的改变。我们没有朝着
最重要的目标前进，因为我们内心深处认为自己做不到。然
而，我们真正缺乏的并不是实现目标的能力，而是集中注意力
的能力。关键在于将我们的注意力聚焦于那些真正重要的事情
上，并重新建立起对自己的信任。

　　回顾过去的成功让我们有机会重新平衡自我认知，从失败
中汲取教训，并且学会放下。这样的自我平衡有助于我们在
规划未来时更加自信地设定和追求目标。即使你可能还不习惯

这种思考方式，但这样做是为了重新发现和连接那个内心深处的自我——那个在你 8 岁或 10 岁时深信自己是命运主宰者的自己。

> "最好的一年"的意义在于重新信任自己，更坚强地面对生活中的巨大挑战。没什么比这更重要了。这套方法将帮助你以全新的方式运用你的常识和智慧，为自己创造更加幸福的人生。

我记得一个关于简·方达努力克服恐惧的故事。她在扮演《金色池塘》（*On Golden Pond*）中的角色时，需要做一个后空翻跳入湖水的动作，当时她已经四十多岁了。经过日复一日的练习，最后她终于成功了。她的搭档凯瑟琳·赫本看着她，对她说："每个人都应该体验一番战胜恐惧并掌控某件事的感觉，那些没有学会这一点的人会变得软弱无力。"

不要让你的梦想周围长满杂草

这句话出自 H. 杰克逊·布朗的《生活小指导书》（*Life's Little Instruction Book*），是我喜欢的名言之一。它让我想起了那些我认识的、遵循了赫本女士建议的人。我非常乐意跟你分享我的朋友和客户们的故事，他们勇敢、坚定和自律，并在生活中践行他们"最好的一年"计划。

当我们将人们的经历简单地归类为"成功的故事"时，这可能会给人一种轻率和容易的错觉。如果我们能够超越表面的成功叙事，我们就能更深刻地理解每个人是如何根据自己的情况做出改变，从而去追求对他们真正重要的事情的。如果你发现，与之前提到的困难相比，相信这些人的成功故事对你而言更加困难，那么这一点确实值得你注意。

一位女士为了与一位坚定的不婚主义者在一起，离开了她的前夫。然而，六个月后，这位不婚主义者不再向她表达他的爱意，已经有五个星期没有对她说"我爱你"了，这让她担心自己可能犯了一个巨大的错误。当她意识到自己的注意力并没有集中在她真正想要的结果上，而是被自己的恐惧所困扰时，她设定了一个目标："与山姆建立良好的关系，并提醒自己她有多么值得被爱。"

她学会了持续地将注意力集中在这个重要的目标上，并成功克服了她的恐惧。一年内，他们竟然结婚了。

✱✱✱✱✱✱✱✱✱✱✱✱

一位年近六旬的成功企业家想要转型尝试一些新鲜的、让他感到更兴奋的事情。但是一想到要离开那些跟随他创立公司且共事了 20 多年的忠诚员工，他就感到内疚。同时他也担心，在他这个年纪，自己可能无力承担独自创业的风险。于是他给自己设定的目标是："我要在年底前结束在现有公司的所有事务，并在来年年初准备好开启我新的冒险。"

他找到并培养了一位值得信任的新人，将公司和员工交由新的领导者接管。他继续前行并成功开启了新的事业，他对现在所做的事情充满了热情和能量。

✿✿✿✿✿✿✿✿✿✿✿

一位全职妈妈一直在照顾她的五个孩子并支持丈夫的事业发展。她渴望找到一种自我表达的方式和更有创造力的活法。但这么久以来，她早已失去了对自己的信心，不知道该如何实现。她给自己设定的目标是："我要开启一项能够展现我的个人品位和创造力的事业。"

至于具体到要做什么类型的事业，以及怎么做、什么时候开始做，她确实花了很长时间才弄明白。最终，她开了一家服饰店，售卖的衣服和珠宝首饰都是她喜欢穿戴的风格类型。

✿✿✿✿✿✿✿✿✿✿✿

一位才华横溢的记者曾为一份全国性日报担任电视评论员，每周只赚取微薄的工资。她既要养育十个月大的女儿，偿还巨额的抵押贷款，还要应对日益增长的焦虑。她发现自己从不喜欢做令她害怕的事情，并且她害怕去追求自己想要的东西。她的目标是："做我最想做的职业，并能够给到我真正值得的回报。"

她以极大的决心和智慧对待她的个人转型。改变并不会在一夜之间发生，通过她坚定而有意识的努力，现在，她是一位畅销书作家，目前正在着手撰写她的第六本书。

✿✿✿✿✿✿✿✿✿✿✿

一对夫妇经过多年的共同努力，创立了一项成功的事业。然而现在，这项事业令他们陷入过度忙碌、疲惫不堪的状态，而不再能够享受其中。在经济衰退初期，当银行持续给他们施压时，他们感到了前所未有的经营负担。出于强烈的责任感和恐惧心理，他们继续投入大量的资金和时间来发展事业，尽管这是他们从个人意愿最不想做的事。他们的目标是："调整到对我们两个人来说都更有满足感、有创造力和高回报的工作状态，并尽快实现这一目标。"

在他们为自己设定了真正的目标后，事业有了新的转机，他们找到一位不错的收购者，这样他们就可以全身而退，重新开始自己想要的生活。

✱✱✱✱✱✱✱✱✱✱✱✱

一位成功的总经理在未满 50 岁之前就感觉自己像个老年人，严重的背疼和腿疼使他无法继续做自己喜欢的事情。曾经他可以无所限制地踏足各行各业和追求个人兴趣，而现在，他感觉被自己的身体困住了，他的身体成了他的牢笼。为此，他感到极度的沮丧。他的目标是："自由地过我选择的生活——身、心、灵三者合一的自由。"

他以铁一般的纪律坚定地执行目标，从多个角度——医疗、情绪、心理——逐个击破。

几个月后，他可以毫无痛苦地直立行走。

✱✱✱✱✱✱✱✱✱✱✱✱

一对夫妻多年来一直遭受严重的财务困扰。夫妻二人都是演员，工作也越来越难找。不得已，他们卖掉了自己的家，搬到一个更小的房子。接下来，他们不得不让孩子们转学，离开对他们来说意义重大的学校。年初的时候他们做出了坚定的承诺："彻底地、一次性地解决财务问题。"

他们持续不断地寻找解决办法，寻求朋友们的支持，与专业人士交谈以帮助他们解决问题。几个月过后，夫妻俩其中一人获得了一部国际电视系列剧中的一个重要角色。

✿✿✿✿✿✿✿✿✿✿✿

一位年轻的女士为了赚取更多的收入和更好地利用自己的技能，辞掉了护理工作，转而做销售。一年结束时，她并没有达成自己的销售目标。由于经济危机对她所在的公司造成了影响，她担心自己可能会失去工作。她的目标是："让今年成为我的突破之年。"

尽管这一年是公司有史以来最艰难的一年，但她开始转变自我认知，尝试以前从未尝试过的事情。到年底，她成功地实现了销售目标，并成为年度最佳销售员。现在，她已经被提升为这家公司的客户服务总监，她运用过去作为护士时培养的人际技能有效地管理员工，将这些技能转化为商业环境中的领导力。

✿✿✿✿✿✿✿✿✿✿✿

一位设计师在事业上有着出色的表现，但是在恋爱关系中却感到痛苦。尽管这段关系让她感到舒适，但她感到两个人的成长步调不一致，已经不再适合彼此。她迫切地想要结婚生子，但是，她不确定是否该与眼前这个男人结婚生子。她很害怕如果放开了这个人，她可能会找不到自己理想的另一半。她的目标是："往前走，找到我想要共度一生的人。"

她鼓起勇气结束了这段关系，独自搬出去。尽管未来有很多不确定性，但她始终专注于自己的目标，并最终遇到了一位年轻聪明的律师，她和他在一起建立了更强的连接感。后来，他们结婚了，现在有两个漂亮的女儿。

这些故事的主角是一个又一个的普通人，他们勇敢地面对生活中的重大挑战，并最终实现了自己的梦想。他们学会了停止担忧，将焦点放在自己真正想要实现的目标上，这给予了他们内在的力量。他们从忙碌的日常生活和不断出现的问题中抽身，投入时间专注于目标，因为这些目标的实现将为他们的生活带来巨大的转变。他们全力以赴，避免陷入解释、抱怨和找借口的陷阱，确保自己能够持续前进，直到达成所愿。

我最好的一年

正如我前面多次提到的，把那些对我们而言重要的事情郑重地设定为目标，这一行动极具挑战。如果你正在阅读这本书，你就会知道我最终成功地实现了我想要写书的目标，这是我记事起就拥有的梦想，但是很多年过去了，什么也没发生。事实上，尽管我从 1981 年就开始做"最好的一年"的计划，但在此之前，写书的目标从未出现在我的十个最重要的目标列表里。对我来说，这似乎是一个不可能实现的梦想，所以我从没认真考虑过要如何实现它。是的，我一直渴望，但从没认真考虑过付诸行动。

尽管我带领"最好的一年"工作坊不断发展，并教他人实现他们的梦想，但关于写书的目标就像是处在休眠状态，潜伏在遗憾与不满的情绪之下，一直未被触及。我总有理由告诉自己，现在还不是时候：

- 每天我都太累了。
- 我的事业伙伴和客户需要我做比这更重要、更紧急的事情。
- 绝经期让我的大脑停止了运转。
- 写书并不会对我想要发展的业务有所贡献。
- 写书并不会让我赚到钱，这无疑是浪费时间。

……

从这些我不去写作的原因中，你会发现一种主导的思维方式，"我的生活并不由我掌控，是外在条件限制了我"。这是我的典型模式，当然我从其他人身上也经常看到这一点。多年来，我头脑中的主旋律还是一样的，尽管念头会时不时地发生一些变化：我很想写作。我可能是个很棒的作家。我确实有一些想写的，但我不能，因为 _____（用上述理由补充空白处）。

几年前，我甚至订阅了一本写作杂志，以此来激励自己做点什么。然而，每个月当新一期杂志出现在门外的垫子上时，我的内心都充满了内疚和沮丧。我按照时间顺序把这些杂志整齐地叠放在我的床边，这样"在恰当的时机"，我就可以阅读它们，学习如何写作，并激励自己开始行动。只是这个时机从未出现。

直到有一年，我、蒂姆和我们的朋友乔克和苏茜一起过元旦。

当时我们聊到了"最好的一年"这个话题，我向他们介绍了设计"最好的一年"的十个关键问题，并解释了这个过程是如何进行的。我还分享了几天前我们的儿子杰夫从大学放假回来，我们一起庆祝圣诞节时，共同进行"最好的一年"规划的愉快经历。（杰夫一开始对这个练习并不怎么热情，他只列出了 4 项成就，却有 26 项失望！但之后他告诉我们，他终于能够放下上个学期所经历的那些糟糕的回忆，这感觉棒极了！"过去的已经过去了，我要继续向前了。"）

紧接着，他们其中一人就对我说："你知道吗，你真的应该写一本关于这个主题的书！"我和蒂姆听到这个老生常谈的建议都笑了。我们太了解彼此了，有时我们会拿那些放着快要发霉的梦想相互调侃。而我的梦想就是写一本广为人知的书。但不知怎么的，那天他们所说的话彻底击中了我，跟以往不同的是，我对写书这个目标开始感到兴奋。我能感受到他们是真心希望我写这本书，并且他们使我确信，设计"最好的一年"的重要理念将会帮助到很多人。听到这些我真是太高兴了。于是我开始更认真地对待自己，并重新调整了新年目标（将我的十个最重要的目标中的第四个目标更改为："写我的第一本书，并找到绝佳的代理商和出版商。"）。当我下次见到杰夫并告知我的想法时，他看着我满脸笑容地说："是的，妈妈，就这么干！"

当我从最初的兴奋状态中冷静下来，真正开始动笔写作时，我却发现自己被一堆限制性的信念困扰了一个多月：

- 我可能没有我自认为的那么优秀。

- 我想写的书早就被人写过了。
- 人们读了我的书，很可能会在背后嘲笑我，但他们绝不会告诉我。一想到这些，我就难以忍受。
- 这些想法都太陈腐、愚蠢和多余了。
- 一个每周要工作 50~60 个小时的人，怎么还能指望她写出一本书呢？
- 没有出版商会想要出版我写的东西。

然而我的丈夫一直在我身边，他不断地鼓励我写书，并告诉我他确信这会成为一本畅销书。

 我们爱自己的局限！必定是这样的，因为我们压根就不想打破它们。

生活的受害者？

我们大多数人都习惯把自己看得比问题更弱小，把自己定义为环境的受害者，因为没有得到自己想要的而责怪他人。并不是说他人没有责任，但如果因为别人而让自己成为受害者，只会令我们变得无力。我想你很容易就能看出来，我是如何通过抱怨环境和他人来阻止自己写书的，这导致我的目标沉积多年而无法实现。是我使自己变得无能为力。然而，这只是一个小小的例子，在我们身边，这样的事情无处不在。

生活中，我们总有可以去责怪的人和事。这几乎成了我们所有人都难以戒掉的习惯。它就像一个熟悉的老朋友。就在昨天，我问朋友玛丽对即将到来的三天假期有什么计划。她告诉我："我打算去乡下看望我的阿姨和她的家人。天气预报说天气会很好，但以我的运气来看，可能还是会下雨。"这是什么运气？这是谁说的？沉浸在这种反常的满足感中是多么荒谬，它的唯一回报就是能让你说："看，我就知道！""我告诉过你。"如果我们仔细倾听，那么我们能发现到处都有这种态度的踪迹，但我们对此已经习以为常，往往没有意识到它的存在或它的代价。像我在写作上不得不面对的那样，意识到并摆脱这种自我挫败的生活态度，是唯一的出路。

我们很少会听到有人说：

- 这个周末将会是很棒的两天！
- 交给我吧，我来处理。
- 对不起，这是我的问题。但以后不会再发生了。
- 我们犯了错误，但是我们会继续努力直到做对为止。

不再扮演受害者，而是选择让自己变得更加坚强，并主动承担起对自己人生的责任，这是另一种选择。我深知这并不容易。但是，"最好的一年"可以助你一臂之力，它会年复一年地陪伴你，帮助你实现一个又一个梦想，让你的每一年都是最好的一年。尤其是对我而言，当我此刻坐在电脑前，写下这些文字，享受着分享和传递知识的快乐时，我亲身感受到了"最好的一年"的力量。

生活是一个不断学习的过程。我一次又一次地体会到，"不改道，终至终点非所愿"。

准备好了吗？

现在，你已经了解了很多关于我和我认识的人。那么，是时候花些时间来思考你自己的事情了。开始这个过程时，请尽可能清晰地觉察自己，这将有助于你的成功。请尽可能诚实地回答以下问题——毕竟，这里只有你自己。

我的人生状态

根据以下陈述是否符合你的情况做出选择，如果符合请选择"T"（正确），如果不符合请选择"F"（错误），并在相应的字母上画上圆圈：

T　F　在我的生活中存在有这样的时刻：我设定了目标，并成功地实现了。

T　F　当我思考自己的生活时，我为自己至今为止所实现的一切而感到骄傲。

T　F　尽管我对很多事情都充满感恩，但仍然有一些东西缺失了，我想要找出是什么。

T　F　我知道我还有巨大的潜力没有被激发。

T　F　我还记得曾经有过这样的时刻：我忘乎所以，不计一切地投入，并最终取得了我想要的结果。

T　F　我知道这么多年来，我已经对自己失去了信心，但我并没有准备要放弃。

T　F　我知道，如果我解决了至少一个到两个最困扰我的问题，我会过得更幸福。

T　　F　　我发现我更容易记住我的失败而不是我的成功，
而我也意识到这让我不再相信自己，我不再像以
前那样自信了。

T　　F　　尽管我有着坚定的个人信念和价值观，但我一直
以来的生活方式并没有让我充分活出自己想要的
样子，这让我很困扰。

你不必是个火箭科学家就能明白，你选择的"T"越多，
你能够成功地制订计划并实现它们的可能性就越大。你圈出了
多少个 T 呢？

个人信念与价值

请勾选出那些符合你个人信念和价值的描述：

☐ 我对自己和发生在我身上的事情负有责任。

☐ 尽管有时我会抵触这个观点，但我意识到，多一点自
律会给我的生活带来巨大的不同。

☐ 我相信，如果你将信念专注于你想要的，一切皆有
可能。

☐ 种瓜得瓜，种豆得豆——或者说，善恶终有报。

☐ 保持积极的态度是成功的关键。

☐ 在需要时求助是聪明的做法。

☐ 就算犯错也没关系，因为这意味着我正在努力尝试。

☐ 我越成功，就越是要以某种方式来回馈社会。

　　□ 我致力于让我所爱的人幸福。

　　□ 按照我的信念和价值生活，这对我来说非常重要。

　　很显然这些完全是关于你个人的信息，所以并不存在正确
或错误的答案。然而我相信，以上大多数的观点是被那些真正
成功的人士所认可的。最重要的是，你会认识到你相信什么以
及什么是你所看重的。

　　当我们的行为偏离了自身的信念和价值时，就会有一种失
去了什么的感觉。"最好的一年"的十个问题里，其中的一个
问题更充分地探索了这个部分。

 　　驱使我们大多数人的远远不是物质的成功或外在的认
可，而是我们对真实自我的渴望，能够遵从我们的个人价
值和自我信念而生活。

我熟知和喜欢的理由

　　请从下面的陈述中勾选出你曾用过的理由。我真的很想做
出不一样的改变，但是我不能，因为……

　　□ 我要对所有的选择保持开放。

　　□ 一旦事情变糟了，你很难改变它。

　　□ 设定目标和思考我想要的是什么，是多么自私和自恋
　　　 的行为啊！

　　□ 我的巅峰时期早就已经过去了。

☐ 等这段时间忙完了，我保证会花时间整理自己的思绪。

☐ 确定人生方向和思考未来规划，这真的太无聊了。

☐ 如果我将自己的注意力固定在一个目标上，那么当其他令人兴奋的机会出现时，我就会错过了。

☐ 到了我这个年纪，已经很难再发生改变了。

☐ 我懒得去想。

老实说，我怀疑几乎没有人会不选择这些理由中的大多数。欢迎来到人类的世界。对我们所有人来说，最大的挑战并不是去做我们想做的事情来推动自己前进，而是要对我们使用这些理由的时刻保持警觉。特别要注意那些你误以为是事实的陈述，实际上，它们可能只是一堆借口。这些借口有着足够的力量来阻止你做出改变。

我的动力有多强？

针对以下描述，对你的情况从 1 分到 10 分进行打分，10 分代表最高分：

_____我致力于在我的生活中做出积极的改变。

_____提前规划接下来的一年，为自己设定目标对我来说很有意义。我已经准备好要试一试。

_____这一次，我可以信任自己做我需要做的事情。

_____我很清楚要改变我的生活，我需要做些什么。

_____按照我的个人信念和价值生活，对我来说意义重大。

_____我愿意尽自己一切努力让"最好的一年"对我起
作用。

_____如果我花时间规划自己接下来一年的生活，那么我
生命中的其他人也会因此受益。

_____我害怕面对一些问题，但我已经准备好设计自己
"最好的一年"。

_____现在，我已经准备好更加充分和勇敢地利用我的能
力与智慧。

_____无论发生什么，在接下来一周我都会留出三个小时
的时间用来回答"最好的一年"里的十个问题。

_____总分

计算你的动力值总分，并参考下面的内容，看看你为自己
"最好的一年"准备到了什么程度。

90~100分：恭喜你，对你来说，生活从此将会变得不同。

70~89分：尽管你可能需要时不时地推动自己，但你仍然
能走向你最好的一年。

51~69分：很难说会发生什么。你不太确定你是否真的准
备好坐在驾驶位置。

如果你的分数低于50分，那么你已经在心里告诉过自己，
你并没有准备好要充分利用这本书中的内容。要么改进你的方
法，要么等到你感到更有信心。无论怎样，你们中任何一个人
如果在最后一条描述里打了10分，那么你已经拥有了最好的
机会。

开始行动吧！

在与人共事的超过 25 年的时间里，我发现那些真正能把事情做成的人和那些不能成事的人之间有一个很大的区别：能成事的人会采取行动。

他们想到一个点子就会立刻开展行动。他们觉得什么东西可行，就会采取行动试一试。他们学习了课程，就会严于律己，将所学付诸实践。他们读了一本书，看到认同的观点，就会在生活中采取行动践行它。他们听说冥想可以减轻压力，提升自我觉察，就会抽出时间开始练习。他们就只是去做。

如果你是这类人，那么你现在就可以停下，把书翻到第三部分，直接开始你的"最好的一年"个人工作坊的工作。给自己做一杯咖啡或者倒上一杯酒，打开音乐，开始书写你的答案。就是这么简单。从现在开始，三个小时后你会更清晰地知道自己想去的地方，并更有动力去实现你的目标。就只是去做——就像你一直以来那样。

史蒂芬·柯维博士认为，高效能人士的第一个习惯是积极主动。换句话说，与其等着好事降临在你身上，不如主动让事情发生。即使你认为自己并不属于积极主动的那类人，但你仍然可以成为他们中的一员，你只需要直奔"最好的一年"的十个问题，开始你的规划。

有些人生来就是"想到就做"——他们似乎天生自带强烈的内驱力和成功欲，他们会不顾一切地全力以赴。但对我们大多数人来说，我们需要通过大量的学习才能够更好地主导自己的生活，我们是被养成的而非天生的。显而易见，我就是这样的人。与我现在的自我意识相比，我早年的大部分时间就像是在迷雾中摸索，感觉被生活所包围，但求量力而行。

所以，即使你不是天生的高驱动力的人，你也没有被淘汰出局。在你的生活中你已经取得了如此多的成绩，我希望你能欣赏自己的这一点。但为了充分利用好这本书，你需要自觉地坐下，写下你针对"最好的一年"十个问题的答案。

◉ **真相是，关于做些什么能够让你的生活变得更好，你已经知道很多了——比你以为的还要多。**

关键在于去做，迈出第一步，让改变发生。然而，我们常常做不到。虽然找出是什么阻碍了你以及为什么你难以开展行动，这些很重要（我们将在后面的章节中探讨），但最好的方法就是坚持去做。认识和了解你的局限这些可以缓一缓。

回答"最好的一年"里十个看似简单却强有力的问题，会让一切都发生改变。这并不是一个那么容易的练习，但是在回答问题的过程中你将会对自己有更深的了解——你是如何让自己成功的以及你是如何限制自己的？你会逐渐明白如何为自己创造更有意义的生活，很快你就会开始期待新一年的到来。答应我，现在就去做。

◉ **在你继续往下读之前，我还想再多说一句："如果你仍然在怀疑这本书是否真能帮到你，答案是'当然可以'。但是这取决于你。你很清楚，光买一本书是改变不了什么**

的。我们总是痴迷于寻找完美的解决方案，注意力被一个接一个的念头所分散，为了停止这个'寻找'的游戏，你需要的是立刻行动。"

我们很多人都把自己困住了，既不愿意采取必要的行动来获取自己人生的主导权，又会因为其他人或其他事主宰了我们而咒骂自己。

结果就是，谁说的都不算。我们不知道该何去何从。在我的人生中，我所取得的每一步真切的进展都得益于遵从那些我所欣赏的老师或作者的智慧，并坚持不懈地践行我从他们身上学到的，直到我完全掌握为止。行动，并且贯彻始终，这代表着一切。

在过去的二三十年里，一种普遍的心态——犬儒主义——盛行开来，它阻碍了我们充分吸收那些对我们有益的知识。这些知识虽然源自古老的智慧，却以现代的语言表达。例如，人们往往会对任何关于自我提升或个人成长的信息嗤之以鼻，将其贬低为无效的空谈或是无关紧要的心理呓语。对于那些试图支持我们在生活中做出积极改变的人，我们常常带着怀疑的态度去审视他们。然而，这些行为实际上只是另一种形式的自我回避，阻碍我们去追求我们真正想要做的事。我对这一点深有体会，因为曾经的我也深陷其中。

因此，如果你已经确信这本书能够为你带来帮助，并且你已经准备好立刻采取行动，那么请停止阅读，直接阅读"最好的一年"的十个问题，开启你的旅程。如果你是一个喜欢深入思考的人，这个方法同样适合你，甚至可能更加有效。这并不是一本关于快速解决问题或一夜之间创造奇迹的书，尽管奇迹可能会发生在你们其中一些人身上。无论你是谁，如果你有想要做出的改变，并且你的动力值得分很高，那么，现在就是最好的时机。开始行动吧！

第二部分

"最好的一年"的
十个问题

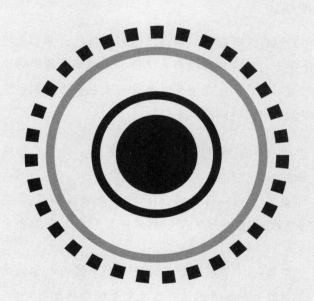

Part Two

问题一：我实现了什么？

提升自尊很容易。只要做一些好事，并记住是你做的。

——约翰－罗杰

庆祝成功

现在，没有人盯着你。请诚实地告诉自己，你为自己感到骄傲的是什么。也许外界没有人见证了你的某些辉煌时刻，但你自己知道。将它们记录下来。也许有人在某个时刻也注意到了你的成就——那些同样重要。

- 你结束一年的学习了吗？对你来说，什么是你感觉最棒的时刻呢？

- 你搬家了吗？你是否重新布置或者装修了现在的房子？你是否进行了很好的清理呢？你带东西去乐施会了吗？

- 你是否开启了新的职业或是得到了提升？你的工作是否比以往做得更好了？有哪些是值得称赞的呢？

- 过去一年你挣了多少钱？你是否还清了一些债务？你的储蓄账户是否增值了？

- 你结婚了吗？有孩子吗？在度过那些艰难的时期之后，

你和孩子们是否度过了美好的一年？

- 这一年，你成了更好的父母吗？

- 你终于开始健身了吗？你是否比以往要更多地锻炼身体？跟年初的时候相比，你穿上衣服的感觉如何？——人在衣中晃？你的饮食是否更健康了呢？

- 这一年你是否和老朋友联系得更多了？你交到了一些新朋友吗？你是否成为一个更好的朋友？

- 你是否开始更多地做你喜欢的事情呢？听音乐会？读书？去剧院？看电影？拜访朋友？

- 对于那些远方的家人和朋友，你是否能更好地和他们保持联络呢？

即使有些问题并没有能够激起你对美好时刻的回忆，也请你好好地想一想你获得的成果，以及那些你为自己感到骄傲的时刻、你做得很棒的时刻，又或者是你成功解决掉一些问题的时刻。请你记录下来。

 当你发现并庆祝自己的成就时，你不仅滋养了精神，也激励了自己。

我不是要求你创造什么新事物，而只请你注意过去一年里你已经取得的成果，然后将这些好事逐一记录下来，列成清单。想想标题上的这句话，但还不止于此——记录一切取得的成就，无关大小。查看本章结尾处的示例列表，你就会发现尽可能多地记住你所取得的成就是多么重要。

利用这次体验去接触你内心深处的另一个部分——那个强大的，促使你日复一日前进的那部分。这可能会让你感到不适——毕竟我们大多数人都对自己的失败习以为常。和朋友们抱怨，吐槽那些糟心事，这要容易得多。但创造新的体验，这绝对是值得的。

这一点都不假——我们在这里探讨的绝不是所谓的"积极思考"。"积极思考"常常代表着试图掩盖不足，假装一切都很好。这并不是我们要做的。当你在回答这些问题时，请做到绝对诚实。没有任何人需要看到你所写的内容——你是安全的。无论过去一年发生了什么，实话实说。只是不要卡在这样的一种状态里：总是想着情况比这糟糕得多，只记得困难而忘记了成功。

重塑你的自我认知。我希望你能意识到，你所取得的成就要比你以为的多得多。你正在为自己"最好的一年"做准备工作；如果你从一开始就想着成功的事情，那么你将会以更好的状态去实现它。我希望你承认自己的优秀并对此负责，请收起你的小皮鞭吧！

是的，如果有人能注意到你有多优秀以及你做得有多棒，那就太美好了。可我们生活的世界并不是这个样子的。所以，迈出第一步，为你自己这样做，然后你才会更有意愿和能力为他人这样做。

为什么要从认可开始？

"最好的一年"的第一个问题旨在引导你选择积极的方向，它提供了一个让你重新平衡自我认知并庆祝过去一年中你所取得的成就的机会。无一例外，人们回顾过去一年时，首先浮现的几乎都是消极的念头，仿佛有一块隐形的磁铁，将我们的注意力牢牢地附着在负面的事情上。除非我们能停下来思考到底发生了什么，否则我们会认为失望的理由远远多于庆祝的理由。

我们几乎不会停下来主动思考一天里我们实现了什么，就更不用说是一年了。想象你开始了新的一天，并列出你今天需要完成的任务清单。假使你的清单上有十项待办事项，在一天结束时，你完成了其中的八项。你会对自己说"很好，干得漂亮"或者"还不错"。如果你是这样做的，那太好了。然而，我们大多数人只会为了剩下的没有实现的两个目标而感到愧疚。我们的意识都被负面的事情、我们没有完成的事情缠绕住了。又一次地，我们的自尊心受到了伤害，以至于我们很可能对接下来的一天不再抱有期待。

无独有偶。我们生活在一个由同类人构成的世界中。即使是好心的朋友和亲人，他们对待事情的看法也很可能是负面的，这使保持积极或乐观的态度显得不切实际且让人感到尴尬。我们被告知负面新闻能让报纸大卖，能吸引更多的电视观众。我们生活在一个关注负面消息的文化背景中，所以很容易就会做出无意识的假设：坏消息比好消息多。但事实并非如此。

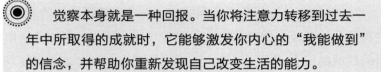

觉察本身就是一种回报。当你将注意力转移到过去一年中所取得的成就时，它能够激发你内心的"我能做到"的信念，并帮助你重新发现自己改变生活的能力。

当人们开始回答这个问题时，他们中的大多数会惊讶地发现，过去一年中自己竟然取得了如此多的成就。这不仅仅是在失败中寻找零星的成功，而是恰恰相反。我们从这个新视角出发，让你能够亲眼看到自己的成长，从而为自己加油鼓劲，提升内在的能量。

通过这样的方式，你将会以一种新的眼光看待过去，并开始重新评估环境对你的影响——哪些是你自己创造的，哪些是来自于你所处的外在环境。你可以创造自己的未来，并能够更好地掌控自己的命运。你所取得的成就，就是最真实有力的证明。

因此，"最好的一年"开始于自我认可。

我们是怎么变成这样的？

但这一切是如何开始的呢？我们是如何养成了这种自我苛责而非自我激励的习惯的呢？

我相信，这种习惯是从我们很小的时候就开始形成的，我们学会了如何在精神和情感上自我鞭挞。这并非来自于某个精心设计的教学计划，而是源自我们对自己的严苛批评——因为我们未能实现的事情、因为我们犯下的错误、因为未能达到更高的行为标准。没有人故意想要培养出一个如此严苛对待自己的群体，以至于他们认为自己无法在生活中做出重大的改变。尽管如此，父母、老师、老板以及周围的人对我们的影响，就像是他们事先计划好的一样。

当然，不幸的是，我们中的许多人扮演着父母、老师或老板的角色——有些人，比如我，甚至三者兼而有之。我们大多数人既是这种自我批评态度的受害者，也是无意中将其传递给他人的加害者。因此，我在提出这些观点时，带着极大的谦逊和同理心，不仅针对我们自己的行为，也针对那些驱使我们以某种方式行事的动力，这些方式可能会让他人感到微不足道或能力不足。我们中很少有人会希望这是我们与孩子、朋友、学生或员工互动的结果。

然而，即便我们抱有最大的善意，在我们所接收和给予的信息中，消极的信息要远远多于积极的信息。大多数父母把时间花在告诉孩子不要做什么，而不是做什么；他们养成了一种（很可能是他们作为孩子时，从父母那学到的）纠正而非表扬的习惯。我们从小就被教导，为自己所取得的成就感到骄傲和自豪是可耻的。

我并不是在建议我们要昂首阔步地走在街上，宣扬"我是最棒的"，但我们确实需要采取措施来停止那种不平衡的自我观念，因为它正在侵蚀我们的精神和自信。这种自我观念的负面影响已经渗透到我们生活的方方面面。因此，虽然提升自我感觉是一件个人的事情，但它同样也是至关重要的。然而，这并不容易。

即使我正坐在这里写这本书，提出所有这些明智的观点，我也经常发现自己被我脑中那些消极的、内隐的声音所责骂："这听起来很有趣，但你写的已经过时了。你今天应该写得更多才对。""为什么要回去重写那个段落呢？你只是在逃避继续往下写而已。""这样也不错——至少明年你可以给家人一个有趣的圣诞礼物，尽管没有人会读它。"我现在已经知道这些声音如此根深蒂固，它恐怕会伴随我一生，直到我死去的那一刻。我要做的是把这些声音赶走，用强有力的语言持续不断地鼓舞自己，比如："你做得不错。这将是很棒的事情，只管继续前进。"到我写完的那一天，也许只有少数人会读到这本书，但如果我听从了头脑中内隐的消极的声音，我早就已经放弃了写作，并且永远都不会知道结果。

这种"负面条件反射"的代价是巨大的。什么更能激励你？是不断地纠正还是真诚地赞美？你更愿意为哪种老板工作？是那个只关注你错误的人，还是那个愿意花时间认可你做对事情的人？如果你像我一样，答案应该是显而易见的。当我参加伦敦马拉松比赛时，我永远不会忘记沿途不同支持者的信息给我带来的不同反应。"继续前进，现在千万别停下！"这样的信息让我感到恼火。而"干得漂亮！你太棒了！"则让我感觉自己像个明星。

显然，当我们需要改进或未能达到预期标准时，我们希望有人能够指出问题。如果老板们忽视了这一点，那么他们就没有履行好自己的职责。然而，如果我们想要全力以赴，每天早上都带着满满的热情走进办公室，全心全意地投入到自己的工作中，那么我们需要的激励和支持远不止这些。

我喜欢用视觉化的模型来解释概念，以及提醒我一些重要的内容。下面的"生产力循环"模型（见图2-1和图2-2）展示了一项活动背后的完整流程，包含四个阶段——从我们第一次想到要做某件事到我们完成它的那一刻。

第一个阶段是开始阶段。在这个阶段，我们提出想法，然后决定去做并开始实施。

第二个阶段是循环中耗时最长的部分。在这个阶段，我们做了所有需要做的工作，逐步实现我们的想法。

第三个阶段对许多人来说都具有挑战性。这是我们完成项目或使想法实现的最后阶段。我们把所有未完成的事情都处理好，这样我们就可以自豪地说："就这样了，我做到了！没什么需要再做的了。"

我们通常会在前三个阶段中的某一个阶段陷入困境。有些人还没开始就停了下来。我们有很多想法，却几乎很少付诸实践；又或者我们的想法多到我们根本没有办法逐一实现，也没有花时间去筛选哪些想法是不可行的，并将它们排除在外。因此，这些未实现的想法要么停留在我们的待办清单上，要么回旋在我们的脑海中，时不时会出来提醒我们，让我们感到内疚。

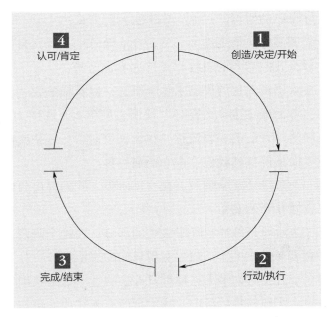

图 2-1 "生产力循环"模型（闭环状态）

有些人会被困在第二阶段——一直在做，做，做——既没有完全实现想法，也没有回到起点去创造新的可能。我们可以通过围绕在自己身边的堆积如山的纸张、邮件、杂志、书籍、半成品的手工艺等来识别自己是否处于这种状态。

如果我们在第三阶段放慢脚步，便会发现自己很难完成任何事情。结果，我们的生活中有很多未完成的项目。我们可能已经开始写一本书、织一件毛衣、清理汽车或办公桌抽屉、装饰……但最近你完成了什么？

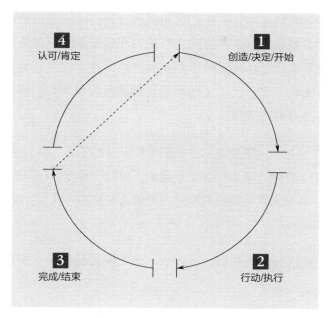

图 2-2 "生产力循环"模型（未完成状态）

很显然，无论我们在哪个阶段被困住了，都会使我们放慢脚步，在心理和情感上阻碍我们。

但是，到目前为止，生产力循环中最重要的学习来自于第四阶段。我们中的许多人只是在第三阶段结束后就直接回到起跑线，不会停下来认可自己并给自己加油鼓劲，也不会思考已经发生了什么或者从中学到了什么。我们的目光总是盯着下一个目标或者还没有完成的事情，用不了多久我们就会感觉像是在空转——油量低于空标！我们忘记了停下来加油。我们感觉自己没有取得任何进展，而且几乎没有获得满足感。

这个模型提醒我们要花时间去欣赏我们已经取得的成就和我们走了多远。以这种方式，当我们回到起点时，无论是一个巨大的新挑战还是明天的待办事项清单，我们都会感觉更有活力和积极性，并且比以往任何时候都更有效率。我们感到精力充沛，动力再次增强。

◉ 对好消息的赞美和欣赏能带来显著的不同。我们会感到更加强大，更自然地受到激励。同时，我们内心深处那种不断试图证明自己并渴望得到他人注意的声音也会逐渐减弱。

这就是为什么开启"最好的一年"旅程的第一个问题是询问你过往的成就。

📝 案例分享

这是一个女性的例子，她看似度过了充满挑战的一年，但如你所见，她能够将自己的某些记忆放在成就的背景下来看待。

我实现了什么？

1. 做了 300 多顿热乎的晚餐。

2. 至少没有再增重。

3. 在工作中得到了很好的晋升。

4. 读了 10 本小说和 5 本高质量的非虚构类的书。

5. 装饰了莎拉的卧室。

---

6. 按家庭预算生活，并节省了超过 300 英镑。

7. 学会了打字。

8. 在筋疲力尽的时候，兼顾了家里和工作上的事情。

9. 对孩子们采取更加积极和支持的态度。

10. 当我的假期被取消时，我没有发脾气。

11. 比以往更多地招待了一些朋友。

12. 每个月都还清了信用卡。

我的一些客户能够回顾经济衰退中最艰难的几年，并提醒自己，在那样不利的情况下，他们实际上做得有多出色。他们依然将每一年视为最好的一年，因为在适应变化和学习新技能的过程中，他们实现了个人的成长和发展。

经历了充满挑战的一年后，承认并欣赏自己的成就变得尤为重要。试着将注意力集中在积极的事物上。我们有权选择如何定义自己的生活，不受任何外界事件的限制。真正的挑战在于，我们能否怀着一颗感激的心去生活，而不是沉浸在抱怨之中。

问题二：我最大的失望是什么？

错误是发现之门。

——詹姆斯·乔伊斯

面对失望

过去一年里你都对哪些事情感到失望呢？请拿起你的笔，把这些全部写下来。记录下那些让你失望的时刻，那些你没有做到原本希望做到的时刻。回想那些别人没有满足你期望的时刻。

- 哪些梦想没有实现？
- 哪些期望没有被满足？
- 你是否想要升职加薪？你是否想换一个新工作？
- 你是否承诺自己要还清债务却越陷越深？
- 你是否想要另找人生中新的伴侣？
- 你是否想要和伴侣结婚，却还没有实现？
- 你是否想要有一个孩子？
- 你是否因为分离或者死亡失去了你所挚爱的人？
- 你的衣服依旧合身，还是越穿越紧了？你是否开始了一项锻炼计划却半途而废了，现在很厌恶这种感觉？

- 是否有那样一些人，原本充满了善意和爱意，却毫无征兆地中断了联络？
- 你是否期待着一个美好的假期，却只能眼睁睁地看着计划被改变？
- 你是否想要继续深造呢？
- 你是否想要多一些属于自己的时间，用来读书、冥想、画画、写作、思考或发呆？
- 还有哪些令你失望的事情？

仅仅只是将这些失望写下来，这样做的价值远远超乎你的想象。虽然看起来这似乎是一些要回避的事情——谁愿意去想这些呢——但是当我们能够给自己时间去思考发生了什么，而不是假装没那么痛苦时，这总能让我们感到如释重负。

> ◉ 坦诚面对自己能够带来巨大的心灵释放，而在设计"最好的一年"的过程中，这样做将会为我们指引前进的方向。

有些人，包括我自己，对失败比对成功更加习以为常，以至于我们仿佛将失败当作一位熟悉的老朋友，让它始终伴随在我们身边。有时，我们甚至会觉得"最好的一年"中的第二个问题才反映了真实的自己，而那些成功的时刻反而显得有些不自然。但请记住，事实并非如此。对另一些人来说，他们可能确实需要以这样的方式走出舒适区，坦诚地面对自己的失望和失败。不管怎样，这样做的回报是巨大的。

请记住，我们对自己的认知存在严重的失衡。在回答关于成就的第一个问题时，你可能会感受到自我庆祝带来的不适。现在，你必须接受这样一个事实：你的失败并不能真实地反映出你是谁以及你能做到什么。（当你在回答第四个问题"我是如何限制自己的，以及如何停止自我设限的"时，你将有机会更深入地探索这种内在动力。）

请警惕另一种陷阱："我列出了五项成就，但在我的清单上有十八项失望。看吧！我就是一个失败者！"这一点关系也没有。请不要给过去已经发生的事情增添意义和重要性。这不过是让你保持原样的一个好把戏，这样你就能证明自己有多不堪了。请避免一生都在为自己的局限辩解。请学会不再否定自己的成就，关注自己的成功。

想一想：你所认识的人当中，有没有谁实现了他们清单上的所有事情？有没有人实现了他们设定的每一个目标？你周围的人，有谁知道是否有人做到了这些？你是否读到或听说过有什么人的人生里没有失败或失望？

◉ **覆水难收。我们唯一能掌控的，是我们对这些事情的反应。成功固然美好，值得我们享受；而失败也同样宝贵，因为它能够锻造我们坚毅的性格。**

拔除杂草

如果你不拔除心灵土壤中的杂草——失败和失望，你就无法长成自己想要的样子。当然，我们无法避免它们，可一旦它们生长出来，我们就必须及时清除，以便为新生命的生长腾出空间。回答第二个问题就是在帮助我们做清理工作。

正视你的失望，并学会放下它们，这将为你开辟一个新空间。在这里，你可以在精神和情感上疗愈自己，就像你生病时治愈身体一样，而不是让失败来定义你自己。

然而要回答这个问题，你必须实话实说。我并不是建议你要四处告诉别人你有多糟糕，而是要对自己说出真相——这才是最重要的。你可能对自己隐瞒失败已经有一段时间了。如果是这样，那么这是一个阻止你继续这样做的很好的机会。我们逃避什么，就会被什么所控制。

出于"最好的一年"的练习目的，你没必要向他人透露你的不足，尽管在某些时候你可能想要与某些人交谈，以便拔除你与他们关系中的杂草。但对我而言，只是把所有的事情都完完全全地写下来，就足以让我把它们从我的系统中清扫出去。从我做"最好的一年"计划的二十年里，我从未向任何人展示过我完整的失望清单，仅仅只是把它们全部写在纸上，就给我带来了巨大的改变。

心理包袱

让自己被失败和绝望的感受压垮，这是你生活中不必要的心理包袱。你并不需要它，这对你有害无益，因为它让生活变得困难重重，并剥夺了你快速前进的能力——感觉就像是你正拖着几个沉沉的手提箱一样。

在我们所有人身上都上演着这样的笑话。尽管没人能看到你的"心理包袱",但我们却下意识地以为自己所有的窘境都被看穿了。然而,没人能看懂你的内心戏和你的心理独白。人们压根就不了解你的背景故事,而那些了解你的人可能对你比你对自己还要更加包容和尊重。

回想一下,当你听到朋友或同事哀叹他们的失败,或者谈论他们想要得到某些东西有多难时,有时候你很难产生同情,因为你不明白他们为什么就不去做呢。你眼里的他们是如此的有能力、有才华,所以你很难看到是什么阻碍了他们。

真正阻碍他们的,是他们从过去经历中积累下来的"心理包袱",这比铜墙铁壁都要难以逾越。他们将这些包袱带到当下,使得他们对未来感到迷茫。

我们的"心理包袱"因叠加的负面情绪——如愤怒、怨恨、遗憾、悲伤——而变得更加沉重。当然,这些情绪都是可以理解的正常反应,但当它们让你觉得自己无能为力或让你成为环境的受害者时,你就被困住了。这时,恶性循环开始了——它让你变得愤世嫉俗,不断侵蚀你的意志,甚至让你在心里创建一本怨恨记账本,记录下你对他人、你的处境和环境的不满。"哦,我真不幸!"的确,但这又有什么用呢?

> ◉ 木已成舟。你能为自己做得最好的事情就是审视所发生的一切,并尽最大努力调整自己的心理状态。摆脱负面情绪带来的额外负担,拯救自己,卸下所有包袱,轻装上阵。

你可以摘掉那些负面的滤镜，它们影响着你对世界和自我的看法。想象一下，你一直戴着一副需要清洗的眼镜。现在，给自己一个机会，通过深入回答这个问题来擦亮你的视野，看到事物的真相。在第四个问题中，我将更详细地探讨"我是如何限制自己的，以及如何停止自我设限的"这个话题。但首先，回顾过去一年的生活，并审视你所经历的失望，是非常重要的一步。

过去

在我奶奶家，客厅与餐厅之间有一道木制的滑动门。当我们拉动黄铜把手，左右两边的门便会合拢，将两个空间分隔开来。想象你正站在这扇关闭的门的前面。门的左侧面板象征着你的过去，而右侧面板则代表着你的未来（见图2-3）。这正是我们大多数人看待生活的方式。

留给当下的空间并不多——只是一条细线，而且没有视野——因为我们的思绪总是被过去和未来占据。幸福的秘诀在于在过去和未来之间打开一条缝隙，真正地活在此时此刻。每当我能够做到这一点时，我都能感受到一种自由和心流的体验。但对你来说，该怎么做呢？你如何能够放下对过去的内疚和对未来的焦虑，让它们暂时消失，以便在现在，此时此刻，感受全新的自己？正如我的一位老师经常提醒的，不要试图依靠后视镜来驾驶你的车。

图 2-3　过去和未来之门

当你发现自己沉浸在过去，并产生自我怀疑，不相信自己具备改变的能力时，请放下这些念头，专注于当下。

实际上。你有三种可能性来积极地面对过去所发生的消极的事情：

1. 原谅

2. 忘记

3. 学习

原谅自己往往是最难的。你已经尽力了。现在，请试着对自己多一些宽容和同情。同样地，为了原谅他人，你也需要设身处地地理解他们。你能否明白和理解他们的处境？他们为什么会做出那样的事呢？他们是否从起床那一刻就带着要伤害你的意图，有意让你的生活变得更糟糕呢？很可能不是。

有些失败和失望我们可以选择忘记。每年当我看着自己的失望清单时，总有一些会让我回想起一段很长的故事。这是如此的艰难和痛苦。但那又怎么样呢？一切都结束了，现在它只是一个故事。仅仅只是写下这个清单，看着它，就会自动释放清单上的事情所引发的大量的负面情绪。虽然我们可能无法忘记过往的失败，但通过消除我们附在失败上的负面情绪，我们至少可以减轻它带给我们的伤害。

面对过去的最佳方式是从中学习，这就是回答第三个问题"我学到了什么"的目的。这是错误和失败最主要的价值。正如威廉·萨洛扬所说："好人之所以好，是因为他们通过失败获得了智慧。"

放下

再次强调，"最好的一年"中的前两个问题旨在帮助我们重新调整对自己的看法，并为新的可能性腾出空间。放下手中紧握的怨恨和遗憾，这是重要的第一步。怨恨和遗憾通常是失望的潜在组成部分，它们也是让失望持续存在的内在动力。

询问自己"我对什么事或什么人感到怨恨"是触发你对过去一年中的失望事件思考的一种方式。尽管答案可能会迅速浮现在你的脑海中，但有时要立刻将它们全部写下来可能会是个挑战。

我们很难承认某些感受，因为它们表面上看起来是那么的微不足道和不值得一提。因此，我们很难深吸一口气，直面它们所代表的痛苦。然而，解脱来自于面对。为了穿越这些感受所带来的痛苦和心痛，并继续前进，我们值得花时间去直视它们，耐受住所有的不适。

愤怒、悲伤、无力感、无助感，这些感受耗尽了我们宝贵的生命能量。一旦我们能抵御住这些感受带给我们的负面影响，我们就有能力做出积极的改变。

> ◉ 我们有能力迈向更幸福的状态，一次又一次地证明，放下怨恨及其带来的负担，是通往更大成功、健康和整体福祉的可靠之路。

怨恨对你有什么好处？紧抓着怨恨不放能让事情变得更好吗？到目前为止，你紧抓着怨恨不放的后果是什么呢？当我发现自己死死地抓住怨恨不放时，这真的很有趣——"我不会放手，直到……"

- 他们道歉。
- 他们意识到了自己的错误。
- 他们终于听我说了。
- 他们按我说的做了。
- 他们停止让我抓狂。

……

与此同时，我不会让它们轻易逃脱。但是，是谁在痛苦，又是谁陷在了过去呢？在一片充满了"怨恨"这种毒药的花园里，是不可能出现任何新生命的。

所以，当你在回答关于怨恨的问题时，请提醒你自己，边写答案边对自己说"放下"，就好像你正在拔除一棵又一棵的杂草。

另外，是关于遗憾的——那些你希望自己没有做过的事情，以及你希望自己做到的事情。好吧，要在过去一年里做这些事情已经太迟了，但明年还不算晚。你仍然有机会。在思考过去一年时，问自己："我对什么感到后悔？"请把你的答案添加到问题二的答案列表中。稍后，你可以回过头来看一看，并考虑将其中一些作为你接下来一年的目标。

但是，现在，你必须放下它们。记住，此刻，这些经历给你的唯一真正价值在于你从中汲取的经验教训。而且，事后看来，无论这些怨恨和遗憾曾让你感到多么痛苦和困难，它们正是我们当时需要经历的，因此，我们才能学习、成长，继续前行。

📝 案例分享

与他人共同进行"最好的一年"的设计或加入工作坊的一个优势在于，你能从他人的经历中获得灵感。通过交流，你将有机会了解别人是如何应对这些问题的。为了给你一个参考，接下来讲述的两个示例展示了其他人是如何回答这些问题的。

第一个例子来自一位年轻男性的分享——请注意他的列表

是如何自然地融合了各种内容。他将事实与感受并置，正如它们在他脑海中涌现时的样子。这样做是完全可以的——他想到什么就写下什么。请记住，无论你的列表上记录的是一次明显的失败，还是他人导致的、对你产生深刻影响的失望，都应该将它们记录下来。

我最大的失望是什么？

1. 我的体重增加了 15 磅（1 磅 = 0.45 千克）。

2. 我的父亲去世了。

3. 我结束了与苏的关系——仍然无法释怀。

4. 尽管我理应得到加薪，但我的收入仍然和一年前一样。

5. 还没有做出任何行动去找一个我更喜欢的工作。

6. 去美国的旅行从未实现。

7. 办了健身卡，但我只去了七次。

8. 我没有花足够多的时间照顾妈妈——几周过去了，我忘记给她打电话了。

9. 不再有性生活。

10. 我从未休息过——我的健康开始受到影响。

11. 感觉自己很丑，压力也很大。

12. 我的信用卡欠款累积超过 2000 美元。

第二个例子来自一位女性，她的列表显示出她对某些事情的感受要比其他事情更为强烈，这一点从她的表达方式中可以明显看出。这真实地反映了她在过去一年所经历的失望。最重要的是，她把这些感受通过书写的方式记录了下来。

我最大的失望是什么？

1. 冥想没有坚持超过一个月。

2. 我感觉很疲惫，身体就像被掏空了——再也不想做晚餐了。

3. 我对彼得总是很忙感到不满——他总是迟到，周末还要工作。这样，我怎么才能了解他的孩子呢？

4. 我想要重返工作岗位，但完全没采取任何行动——感觉自己正在失去勇气。

5. 没有足够的时间给到自己。

6. 原本计划与彼得在巴黎共度周末，却在最后一刻被取消了。

问题三：我学到了什么？

人们偶尔会被真相绊倒，但大多数人会若无其事地重新站起来。

——温斯顿·丘吉尔爵士

经验教训

回看你回答"最好的一年"前两个问题的答案，看看你都学到了什么。在回顾你所取得的成就时，你学到了哪些经验教训？

> 你至今所取得的成就是你最重要的信息来源。这些成就所需的长处、技能和品质，同样可以为你明年的目标服务。

请花一分钟记录下你对以下这些问题的回答：

- 我成功的秘诀是什么？
- 什么起作用？
- 为什么我能实现这些？

那么，现在请花时间看一看你对第二个问题的答案——你的失望。

- 什么行不通，为什么？
- 什么方法本可以更有效？
- 有什么经验教训？
- 我已经从中学到了吗？
- 有证据可以证明我已经学会了吗？证据是什么？

当你回顾过去的一年时，你会发现有一些经验教训是你已吸取了的，还有一些是你本可以吸取的，这取决于发生了什么。首先，找出那些你已经真正吸取的——会有证据表明你已经吸取了这些经验教训并且已经向前迈进。别对自己太苛刻——如果你认为你已经学到了一些东西，那么你确实学到了。重要的是，现在你需要识别出那些你已经学到的经验教训，这样你就可以记住它们，避免在同一个地方反复摔跤。

还有一些潜在的教训值得我们思考。想象一下，如果你当初选择了不同的行动，结果会有什么不同？如果你当时没有采取那些行动，情况又会如何？如果你当时能够以更有效的方式行动，又会带来怎样的改变？对于这些假设，你会给自己提出怎样的建议？现在，是时候释放那些内疚和自责，给自己一个解脱的机会。重要的是要审视你过去的行动，并思考在未来你希望如何改进。

回答第三个问题为你提供了一个巨大的机会——去学习、去改变、去迎接挑战，去做你一直想做的改变。为了下次有更大的成功机会，你需要做出哪些改变？你需要采取哪些措施？

◉　　当我们花时间深入思考时，我们会清楚地知道我们需
要做什么，以及我们需要做出哪些改变。你清楚地知道自
己最重要的经验教训——把它们写下来。

当你开始回答第三个问题时，你需要更加深入地思考你是
谁以及你的心智模式。这种深思远不同于那些自动冒出来的想
当然的想法。激活你的大脑，驱散心中的迷茫，找到答案。下
面这些问题可以激发你去思考：

- 我应该如何调整我的工作方式？
- 我如何采取不同的行动？
- 我会给到自己哪些建议？
- 我是否需要更自律？
- 我对自己和他人是否做到了应有的诚实？
- 我是否像我所需要的那样照顾好了自己？
- 我是否及时地处理了那些困难的问题？
- 我是否能向他人寻求帮助？我是否愿意倾听他们的建
  议并认真地考虑采纳它？
- 我是否像我所希望的那样支持他人？
- 我在工作中有哪些经验教训？我是一个需要更加主动
  的销售人员吗？我是一个需要更多地关注他人想法的
  管理者吗？我是一个可以提供更多方向或指导的领导
  者吗？
- 我是否经常说"谢谢"？

会有什么不同?

吸取过去的经验教训的一个重要动力是想象我们的成就对周围人的影响。实际上,帮助他人的愿望有时能增强我们改变行为的决心。

但往往他人需要吸取的经验教训在我们眼里更为显而易见。想一想那些你认识的人,以及你希望他们能吸取的经验教训。不难发现,如果他们能做到……他们的生活将会变得多么轻松和容易。同样,别人眼中的你也是如此。

那么,就请假想自己是另外一个人,拉开一点距离来观察你的生活。当你坐在你的生命之河的岸边时,你看到了什么?为了避免遇到更多的岩石和巨石,你可以做些什么?是什么让你放慢了速度或停了下来?看一看你生活的各个领域:家庭、工作、金钱、健康、朋友。你观察到了什么?再看一看其他的方面:健康、心灵、服务社区、努力工作。

避免自我评判,你现在能够超越这种局限。尝试用一种新的、更客观的视角来思考。继续想象你坐在生活的一隅,冷静地观察自己的行为:你观察到了什么?你对哪些方面感到满意?又有哪些做法是你希望有所改变的?

重塑未来。你清楚地知道,如果你改变某些行为,成功的机会将会大大增加。选一个你清单上的教训,设想如果你在明年真正吸取了这个教训,生活会有何不同。花时间设想自己按照新的方式行动,并思考这样做可能带来的积极变化。

一旦你吸取了教训并将其融入生活,你就给了自己一个无价之宝。没有任何人或事——无论是他人、经济危机还是失业——能够夺走这份礼物。

生活就是学习

过去一年的生活是你宝贵的信息源泉，它比任何讲座、书籍、视频或音频资料都更能指导你实现愿望。

你的经历中蕴含着成功、增收、建立良好人际关系、获得认可、获得满足和获得成就，以及促成改变的线索。关于如何成为你想要成为的人，这些信息会告诉你什么呢？

◉ 通过反思你过往的经历，你会发现更多有用的智慧，这可以帮助你更好地实现你想过上自己想要的生活的目标。

有些教训显而易见，简单到几乎令人尴尬。它们无处不在——父母、老师、导师、上司、朋友、书籍都曾提及。更尴尬的是，我们往往要经过很长时间才能真正吸取这些教训。回想那些我反复遭遇的相似情境，我意识到自己在停止重蹈覆辙之前，并没有运用常识，而是惯性地遵循了一些"规则"：

- 避免打开账单和核对支票簿。
- 忍受那些让我感到自己微不足道的关系，以此来满足别人的虚荣心，因为我太害怕离开。
- 倾听他人的烦恼，不要求平等的发言时间。
- 工作如此努力以至于没有时间照顾自己。

- 先做所有容易的事情，并且拖延着不去开展能让我朝着目标前进的行动。

我还可以继续说下去。生活的教训无处不在。如果我们希望年复一年，每一年都是最好的一年，那么我们必须觉醒，看到它们的存在。比起发现金矿，更加珍视我们经历中的宝贵经验更为重要。金矿的发现能给你一次性的财富，而我们的教训却能持续带来回报。

识别生活中的教训就像在花园里施肥，你为你的成长创造了肥沃的土壤。反思你的错误，思考你期望做出的改变，这将逐渐改变你的处境。

下面以园艺为例，思考我们是如何学习的。我们从多个渠道获取信息：父母、邻居、朋友，以及园艺书籍。然而，我发现最佳的信息来源是那些园丁——他们精通自己的工作，并且常年展示出深厚的专业知识。当我遇到困境或面临巨大挑战时，我会想象如果是这些专家，他们会如何应对。我会问自己："如果是他，他会怎么做？如果是她，她将如何处理这个挑战？他们现在会给我什么建议呢？"

然而，只有当我们在一天结束时采取行动并从自己的经历中吸取教训，真正的改变才会发生。毕竟，从自己的经历中学习是最直接和最容易的途径。我们对自己的行为和决策有着最深刻的理解。有时候，我们会发现自己多年来一直在重复某些教训，比如问自己："你为什么不这样做？"我们也会反思："你为什么要那样说？"我们还会思考："如果换一种方式，会

不会更好？"最令人沮丧的是，我们听到朋友给出的建议竟然
与我们多年来一直在告诉自己的相同，但我们却未能采纳。

我已经明白，我必须将所学付诸实践，否则我将不断地听
到相同的教诲。我的朋友卢·爱泼斯坦经常说："要是我们的
耳朵能听到我们的嘴唇在说什么就好了。"他用这句话来强调
那些我们应该倾听自己智慧的时刻。卡尔·荣格也说过："一
切让我们对他人感到恼火的事情，都可以引导我们更深入地理
解自己。"

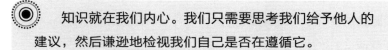

知识就在我们内心。我们只需要思考我们给予他人的
建议，然后谦逊地检视我们自己是否在遵循它。

当你在回答这个问题的过程中，你已经在改变你的做事方
式了。通过有意识地思考你需要学习的经验教训，你已经把你
的生活变成了一个课堂，在这个课堂里，你可以从自己的错误
中学习并继续前进。仅仅只是回答这个问题就将会改变你接下
来一年的生活。

将经验转化为行动指南

如果你还没有总结过自己的经验教训，现在就开始。列出
所有你能想到的教训。在继续下一步之前，请确保你的清单尽
可能完整，覆盖了你在阅读本章时想到的大部分内容。

现在回顾一下这份清单。认真思考每一条经验教训以及它
可能对你产生的影响。想一想你现在最想要做出的改变。哪些

经验教训最能够助你走向成功?

接下来,你需要从你的经验教训清单中挑选出前三名——那些如果你在未来一年里能够完全遵循,将对你和你周围的人产生最显著影响的教训。请花些时间,认真选出目前对你来说最重要的三条教训。有时候,你的直觉会自然而然地引导你做出选择,几乎不需要太多犹豫。如果你有这样的感觉,请相信你的直觉,并跟随它的指引。

我并不是建议你忽略清单上的其他经验教训,而是希望你在未来几年中有机会去逐步关注和处理它们。在与人合作的过程中,我学到了一个关键的教训:那就是要不断聚焦,再聚焦。当你完成了"最好的一年"的设计,并重新投入到日常生活的忙碌中时,你可能会发现难以记住这次体验中的所有细节。为了简化这个过程,并确保你能够充分利用这次经历,我建议你从所有经验教训中挑选出三条最重要的。

在你确定了这三条关键经验教训之后,将它们转化为你接下来一整年的行动指南。请投入一些时间,确保你的用词既准确又有力。每一条行动指南都应该简洁、清晰,并以动词开头,从而激发你的行动力。尽量采用积极的语言来表达,指导自己应该采取哪些行动,而不是避免哪些行为。这样做可以帮助你更明确地知道下一步该做什么。然而,如果你发现某条行动指南以"不要"或"停止"开头能更有效地提醒你并促使你采取行动,那么请按照你的感觉来表达。有时候,明确指出要避免的行为也是确保成功的重要一步。

这三条经验教训将成为你接下来一整年的个人行动指南,

引导你的日常生活。你已经迈出了关键的一步，为新一年的目标奠定了一个充满潜力的基础。这就像在肥沃的土壤中播下了种子，预示着丰收的季节。现在，请花一分钟时间，闭上眼睛，想象一下：如果你严格遵循这些原则，接下来一年对你来说将会有多么的不同。

我的个人经验

我的个人指导原则之一是"直面问题"。这个原则鼓励我勇敢地面对那些棘手的问题和复杂的人际关系。它意味着我不会逃避必须要做的事情，也不会再自欺欺人地假装一切都好。

多年来，我发现自己常常陷入艰难的境地和复杂的人际关系中，却未能采取行动。我的内心充满了愤怒的对话——这些对话通常发生在开车时、深夜里或做晚餐的时候——而怨恨在我心里慢慢积累，直到达到爆发的临界点。但当我终于被迫采取行动时，往往为时已晚，任何努力似乎都无济于事。我的内心被情绪和怨恨占据，我的故事脚本往往导致的结果是混乱的和具有破坏性的。

我逐渐学会了在发现事情不对劲时立刻警醒并采取行动。留出时间深入思考，提出可能的解决方案，理解对方可能的想法和感受，并决定怎么做以及如何展开讨论。每当我成功地做到这一点时，心中的迷雾就会散去，我再次变得强大而自由。并且我发现，解决问题要比回避问题容易得多。

我的另一个指导原则是"聘请教练来支持我实现目标"。作为一位专业的教练，我已经支持他人超过二十年，但我经常忽视了为自己寻找教练的重要性。这是一个潜在的陷阱，因为我意识到，如果我为自己安排与他人的合作，制订计划，承诺执行，并在一个月后进行进度检查，我更有可能坚持做那些我知道的有效的事情。

在过去的一年中，我重新聘请了教练，这一决定为我带来了显著的变化。事实上，去年无疑是我至今为止最棒的一年。我的教练不仅在帮助我保持目标导向方面发挥了重要作用，而且在我面临重大决策的艰难时刻，也是我最尊贵的倾听者。

我可以很自豪地说，多年来我一直在实践的一条指导原则是"先做困难的事情"。你可能也听说过，往往只有20%的工作能够产生80%的影响。然而，认识这个道理和实际去做那20%的工作往往是两回事。我们很容易就会倾向于做那些看似紧急却不那么重要的事，比如泡一杯茶、回复不紧急的电话、与朋友或同事闲聊，而不是去解决那些真正能带来重大影响的关键任务。

我越来越频繁地采取一种策略：直接投入到完成任务清单的第一项任务中，优先处理它。我的动机其实是出于自我利益——一旦这项任务完成，我会感觉轻松许多，这让我在一天中剩余的时间里感到更加自由。有时，这项任务可能是一个令人生畏的电话，或者更常见的情况是完成一份报告、撰写一封信件或整理笔记，也可能是处理增值税申报或核对银行对账单等烦琐事务。无论任务是什么，无论它需要五分钟还是五个小时，我都发现按照"先难后易"的原则来开始我的一天是非常有效的。我并不总是能够完全遵循这一原则，但我可以肯定地说，与过去相比，我现在很少让人失望。我相信，这绝对是我成功准则中最明智的一个准则。

在我与客户合作的过程中，我目睹了识别个人最重要的经验教训所带来的巨大价值。当客户们真正践行自己的指导原则并为之承担起责任时，他们在生活的各个方面都取得了显著的进步。这些客户成为自己智慧和建议的源泉——尽管我们都知道，要遵循这些原则并不容易。

在担任企业顾问时，我经常与领导团队合作，这些团队负责共同管理和推动公司发展。我的工作通常从与每位高管进行一对一的初步访谈开始，目的是了解他们对当前状况、工作流程以及面临的挑战的看法。无一例外，高管们通常都非常清楚问题所在，他们善于用故事和轶事来描述需要改变的地方。但有趣的是，我似乎总是与那些自认为无辜的一方交谈。人们很容易陷入责备的游戏，将责任推给他人。但是，当谈话转向他们自己可以采取哪些措施来解决问题时，情况就会有所改变。大多数人在这时愿意承认并识别他们能够采取的措施，从而促进企业积极变革。

教练最强有力的工具是提问。人们在回答时所展现的深刻见解和承担责任的意愿始终激励着我。当他们遇到障碍时，通常并不是因为他们缺乏知识或不知道应该做什么。事实上，他们往往已经知道答案和需要吸取的教训。问题不在于不知道，而在于如何将这些知识转化为行动。尽管如此，人们面对挑战时表现出的勇气是极其鼓舞人心的。他们愿意正视问题，承认自己的责任，并积极思考如何采取行动来解决问题。

为了激发你的思考，以下是一些家庭、朋友和客户采用的指导原则：

- 将家庭放在第一位。
- 在需要时寻求帮助。
- 只维持那些让我感觉良好的关系。
- 放松。
- 做我认为对的事情。
- 直面问题。
- 做有趣的选择。
- 照顾好自己才能照顾好他人。
- 要事优先。
- 保持健康。
- 尽人事，听天命。
- 留出时间给自己和先生。
- 享受生活中的美好时光。

问题四：我是如何限制自己的，
以及是如何停止自我设限的？

生活是一个自证预言。

我是如何限制自己的？

直到 33 岁，我才真正意识到我对自己的限制有多严重。如果在那之前你问我是否觉得自己受到了限制，我可能会说"嗯，或许有一点吧"。但我当时还没有完全认识到限制的深度和程度，以及这些限制是如何形成的。相比之下，我更容易察觉到的是外界环境和他人对我造成的束缚，以及在我当时看来，我似乎别无选择。

但一直以来，我都在无意识地限制自己。因为当我开始更加深刻地觉察自己时，我发现事情开始有所改变。正是在那个转折点，我得以摆脱了生活中的被动角色，这得益于一位杰出导师的指导和许多朋友的支持。在此之前，我没有意识到自己是所有经历的创造者——我更像是自己人生旅程中一个迷迷糊糊的过客。

虽然我在应对生活方面还算过得去，但内心深处，我感到一种难以言说的挫败。我总是觉得生活似乎少了些什么。我对自己的现状感到失望，至于为何会陷入这样的境地，或者如何改变这种状况，我毫无头绪。按照我当时的生活步调，我意识到自己可能永远无法实现年轻时的梦想——那些我曾经深信不疑，认为自己能够分享给他人，能够以自己的方式创造积极影响的梦想。

我成了为生活中各种情境辩解的高手，不知不觉地生活在一种无声的牺牲中，很多时候甚至没有意识到自己的所作所为。我是一名善良的母亲，育有两个小男孩，生活看似充实——但在我内心深处，隐藏着许多未曾表达和未得到满足的渴望。我能走到今天，完全得益于我从父母那里继承的坚强意志和敏锐思维。

当我踏上自我探索之旅，一个令人惊讶的发现是：我迄今为止的生活完全是我自己的选择和行动的结果。我意识到，我不是生活的受害者，是我的思想和行为共同塑造了我的现实。例如，我与父母的关系，正是我对他们的成见和无意识态度的直接反映。在我觉醒之前，我的主要目标是避免变得像我的父母一样。这种心态阻止了我欣赏与他们的相似之处，以及认识到他们对我来说是多么宝贵的存在。

我开始逐渐领悟到，如果我至今的生活是自己一手打造的，那么我也拥有创造更美好未来的力量。然而，要实现这一转变，最关键的一步是识别和理解那些限制我自己的障碍。现在，我邀请你也踏上这段旅程，去发现并突破那些束缚你的限制。

为了度过你最好的一年，你必须识别出那些自我设限的方式，并为你至今为止的生活承担起责任。

显然，你选择阅读这本书表明你已经迈出了接近这种思维方式的一步。然而，对于我们大多数人来说，将自己视为受害者而非责任承担者是一种根深蒂固的习惯。随着你对自己的生活背景有了更深的理解，以及认识到这些背景如何限制你的潜能，你对自己的认知将会显著提升。在这个过程中，你会真正领悟到苏格拉底的格言"未经审视的生活不值得过"的深刻含义。你会发现，这个过程带来的回报远远超出了你的预期。

以下问题旨在引导你深入探索自己的限制性信念，以及这些信念如何影响你的行为模式。请像之前一样，独自向自己提出这些问题，并倾听你内心的声音。答案就在你的内心深处，等待着被发掘。你不需要过度思考，它们会自然而然地浮现出来。

1. 我是如何限制自己的?

当你开始回答这个问题时，你可能会想出各种各样的答案，请把它们全部写下来。

_____

_____

_____

_____

_____

以下是其他人给出的答案:

- 我不会花时间思考什么对我来说是真正重要的。
- 我很懒。
- 我宁愿相信别人对我的评价——他人的看法比我自己的看法更有说服力。
- 当我真心喜欢某人时，我什么都不会做。
- 我不会为自己争取权益。
- 我没有实现自己的承诺——我一次又一次地对自己食言。
- 我从不主动要求加薪，只是被动地接受他们给我的待遇。
- 我花的钱比挣的钱多。

2. 我为此付出了什么代价?

即使你可能已经对这个问题有所了解，但还是请你花些时间深入地思考一下：你为面对上述问题的答案付出的真正代价是什么？深入挖掘更深层次的答案。这样做可以帮助你摆脱过去的束缚，并且可能会改变你对自己的认识和对未来的看法。

_____

_____

_____

_____

_____

_____

_____

以下是其他人给出的答案：

- 少了很多财富。

- 没能充分发挥我的天赋才干。

- 伤害了与重要之人的关系。

- 错过了一个尊重我并且我也尊重的丈夫。

- 缺少充实感和满足感。

- 放弃了对自己的尊重。

- 牺牲了我的健康。

你可能会发现，在回答这个问题时，一些答案会唤起你在回答第二个问题时所表达的失望。这是很正常的，甚至是有益的。不妨利用这个机会来加深你的自我认知，探索你的信念是如何影响你的行为和结果的。

3. 通过自我设限，我获得了什么好处？

你说什么？我怎么可能从自己的局限中获益呢？我之所以会提出这个问题，是因为我们通常会维系自身的局限，为的是获得某种看不见的好处。我们通过自我设限得到了某种回报，并且我们害怕为了继续前进而不得不放弃这些好处。在某种程度上，我们可能意识到了这一点，但我们依然坚持自我设限，这样我们就不会失去它们带来的所谓的好处。

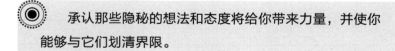

承认那些隐秘的想法和态度将给你带来力量，并使你能够与它们划清界限。

在这里，尤其重要的是只向自己提问，并写下你想到的答案，不管它们是什么。不要质疑你的思考过程——记录你捕捉到的想法，并避免在答案闪现时试图去编辑它们。在你思考所写的内容之后，这些想法的真正含义将会变得更加清晰。

_____

_____

_____

_____

以下是其他人给出的答案：

- 更轻松的生活。
- 对自己没有太高的期待，所以我也不必那么努力地工作。
- 我可以无意识地生活，这样就不用面对所有问题。
- 我要确保人们喜欢我并且会支持我。
- 可以把所有的事都怪在老公（或其他人）身上。
- 这样我就有了一个非常管用的理由：如果我全力以赴，我就可以做得更好。
- 保持稳定——别找麻烦！

4. 我是否愿意停止自我设限？

你只需要回答"是"或者"否"。这是一个至关重要的问题：不要考虑你是否认为自己有能力，或者你打算如何实现它。你只需问自己："如果我知道怎么做，我愿意停止自我设限吗？"

☐ 是　　　　☐ 否

如果你还没有回答完上述的四个问题，那就停下！

停下！

请立即回去回答上述四个问题，现在就开始做。为了充分理解接下来的关键信息，你需要全身心地投入到整个过程中，这至关重要。

当我们愿意更加清醒地认识到自己的消极思想和信念是如何限制我们时，我们就能够用一个新的视角来审视我们的过去及其对我们生活的影响。在我个人的经历中，我与男性的关系是我感到最痛苦和不快乐的领域之一。我开始探索自己的态度和看法，回想起了青少年时期的一个关键事件。随着你继续阅读，你将看到我是如何仅仅通过自己的思想就限制了自己的成长的！

学校最近宣布将举办一场大型舞会，不同于往常，这次将由女孩们主动邀请男孩参加，而不是被动地等待邀请。这对我来说是一个绝佳的机会，因为我长期以来一直暗恋着一位名叫迈克的足球运动员。然而，这并没有那么容易。每天早晨，我都会坚定地告诉自己"今天我要邀请迈克"，并在脑海中反复排练着与他的偶遇和对话。但随着时间一天天过去，我渐渐失去了勇气。

最终，随着舞会的临近，我知道我不能再拖延了。我鼓起勇气，走到迈克面前，抬头看着他，问出了那个我一直排练的问题："你愿意和我一起去参加舞会吗？"他的回答简洁而明确："不，我想我不会。对不起。"那一刻，我听见心被撕碎的声音。我还记得自己是如何蹑手蹑脚地沿着学校走廊溜走，心中默默发誓，再也不会让自己陷入如此脆弱的境地。我告诉自己我不够好，不配和迈克这样的人在一起。我决定隐藏自己的感情，不再主动展示自己的心意。我不会再让自己暴露出在乎某人的样子。我给自己下了判决书：我不配与那些优秀的人站在一起。

从那时起，迈克的影子就一直伴随着我，仿佛它成了我过去的一部分，无形中影响着我每一次新的恋爱尝试。每当我遇到潜在的恋爱对象，对迈克的记忆就会如影随形，影响着我的自我感觉。尽管我心怀期待，却始终觉得自己与恋爱无缘。我越是喜欢一个人，就越感到不安，越倾向于隐藏自己的真实感受，对每一句话、每一个动作都过分谨慎。在我的恋爱关系中，迈克占据了中心舞台，而我却退到了幕后。那次只有 2 分钟的短暂经历，以及我由此对自己下的结论，成了我的枷锁。我与异性的关系被我的固有认知左右：能有人注意到我已是幸运，更不用提是我真正喜欢的人了。

直到我开始审视自己的思维方式，以及这些想法背后的故事——那些影响我与异性建立关系的信念——我才真正意识到它们对我的限制有多大，以及这些年来我因此付出了多少代价。我意识到，我一直在满足于那些并不是我真正渴望的关系。然而，在深入反思第四个问题的过程中，我经历了一次思维方式的转变。我开始告诉自己："我值得拥有所有我喜欢的人！"

但是，当我真正把"我值得拥有所有我喜欢的人"这个想法写下来时，我内心却有一个声音在尖叫："开什么玩笑？这太不切实际了！"这种反应是典型的，当我们开始尝试改变那些根深蒂固的限制性信念时，我们的固有思维会跳出来为自己辩护，因为它们感受到了威胁。我开始用新的眼光来看待转变之后的信念。我认真地考虑这个观点，并逐渐意识到，与"能有人喜欢我就不错了"相比，"我值得拥有所有我喜欢的人"这个想法更加真实。

将限制性信念转变为赋能信念，是我给自己的最好礼物。转变几个月后，我遇到了蒂姆，一个我深爱并尊重的男人。现在，我与他结婚了，而在此之前，我从未敢奢望自己能够与这样优秀的人在一起。在我重新审视和改变我对异性的自我挫败观念之前，我总觉得他太好了，不可能会看上我。

这听起来可能过于夸张。你可能认为，即使我没有经历这样深刻的自我认知转变，我和蒂姆也许仍然会相遇、相爱，并像现在一样幸福。但你永远也说服不了我！

专注于什么，就收获什么

我希望你能理解，如果我认定自己是一个注定被拒绝的人，那么在爱情中受挫几乎成了我的宿命。我们在生活中得到的结果往往与我们的预期惊人的一致。我们预期得到什么，往往就会得到什么——这既适用于消极的预期，也适用于积极的预期。这就像是生活的魔法。在生活的任何领域，只要你专注于积极的一面，你就更有可能获得积极的结果。然而，为了进行"最好的一年"的练习，我们正在深入探讨消极的一面，因为正是在这里，我们能找到提升个人效能和能量的关键。

现在，你的注意力集中在什么上？是什么占据了你的思维？我指的不是你手中可能握着的咖啡杯，或者你正在阅读的这本书的页面，而是那些更深层次的、内心的念头和态度。"最好的一年"问题四旨在帮助你揭示那些根本性的、限制性的信念——正是这些信念，无论是关于你自己还是生活，都在无形中阻碍着你实现所有潜在的可能性。

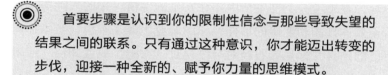

首要步骤是认识到你的限制性信念与那些导致失望的结果之间的联系。只有通过这种意识，你才能迈出转变的步伐，迎接一种全新的、赋予你力量的思维模式。

但在此之前，请先看一看下面的例子。这些例子展示了不同个体如何通过他们独特的内在聚焦点，与他们所取得的结果相联系。

我专注于什么？	我收获了什么？
担心自己太胖	没有人约我
害怕投资失败	现金流危机
因为不公平而愤怒	持续被不公平地对待
埋怨丈夫是个工作狂	他更少关注我
属于自己的时间太少了	时间永远不够用

你在思考什么，又在担忧什么呢？你对自己的预言是成功的还是失败的？你的注意力是集中在恐惧上，还是优势上？请花些时间深思这些问题。同时，检验一下这个假设：你的专注

点将决定你的收获。"你专注于什么，就会得到什么"——这是否与你的生活经验相符？如果这不是你的亲身体验，那么请不要相信我所说的每一个字。

问问自己："我现在正专注于什么？"请拿出一张纸，在纸的左侧写下你所有的想法和感受。现在就写！

接下来，开始思考你的这些想法和感受所指的方向，以及它们给你带来了什么样的结果。审视一下你在纸的左侧写下的内容，并思考一下你生活中正在发生的事情。你的人际关系是否正如你预测和期望的那样？你的职业生涯是否也证实了你对自己的预言？你是否曾经对自己说过"看吧！我就知道"或者"这都在我意料之中"？然而，这种预测的准确性并没有带来我们期望的结果。

思考一下，你的想法和感受是否与你所得的结果存在某种关联？你的精神和情感的专注点是否直接影响了你在生活中取得的成就？你的想法和感受引导你走向了何处？现在，请在你刚才在纸张左侧写下的每一条想法和感受旁边，对应地记录下你目前得到的实际结果。

> 当我们承担起做出积极改变的责任时，我们就能够控制自己的注意力和情感焦点，使其对准我们渴望的结果。随着这种转变的发生，我们仿佛被一块强大的磁铁吸引，自然而然地向我们的目标迈进。

当我不再纠结于青少年时期所遭受的拒绝，转而专注于我真正渴望的目标——与一个我深爱且尊重的伴侣共度余生时，我发现自己已经将这份渴望转化为了现实。

这一连串的问题旨在帮助你辨别是谁在主导你的生活——是你自己，还是你的限制性信念。除非你认识到自己目前所处的位置，否则你将无法调整你的人生方向。

煎蛋模型

图 2-4 中的模型被称为"煎蛋模型"，这个名字要归功于一位客户，他觉得它看起来像是一个煎蛋。实际上，这个模型是一个心理学上的剖视图，用来描述我们的心理结构和情感状态的组成部分。它旨在帮助我们更深入地了解自己。起初，这个模型可能难以把握，因为它不仅涉及我们与自我本质的关系，还涵盖了我们的思维模式。但请耐心理解它，因为这些知识是我们实现持久改变的关键基础。

图 2-4　煎蛋模型

在我们每个人的内心深处——模型图中最核心层的地方——蕴藏着我们的真实自我和核心价值，这正是我们大多数人所指的心灵或灵魂之所在：我是谁。它代表着我们内在永恒不变的部分。

随着时间的流逝，我们的真实自我和核心价值——那位于我们内心深处的核心层——可能会被恐惧、焦虑、怀疑以及根深蒂固的习惯所遮蔽，这些负面情绪和行为不再能真实反映我们的本质。尽管父母和老师出于好意指出我们的错误，但他们的关注点往往放在了我们的中间层，而非核心层。他们的指正方式可能会让我们感觉到"我有问题"，而不是我们的行为或表现需要改变。这样，我们逐渐认同了中间层的身份——"我害怕成为的样子"，并在这个过程中忘记了真正的自我。

这些怀疑和恐惧导致我们背离了自己内心深处的信念和价值，使我们无法保持内外一致。我们的行为和自我认知被中间层主导，错误地将其视为真相——仿佛恐惧和焦虑才是合理的，而我们的自我价值感因此受到了侵蚀。在模型图中，中间的那层圆环象征着我们自我限制的摇篮，这里堆积了所有与自我怀疑和恐惧相关的记忆。一旦遭遇拒绝，比如迈克对我说"不"，我就会不自觉地认同那个由恐惧驱动的中间层，而非真实的自我。

然而，我们大多数人太聪明了，不会直接向外界展示我们的恐惧。我不会蜷缩在角落里，扮演一个害羞且被拒绝的角色。相反，我们戴上面具，玩起了虚张声势和假装自信的游戏，尽管这些并不是我们内心真正的感受。为了不在他人面前暴露我们的怀疑和恐惧，我们又为自己打造了一层自我保护的外壳，隐藏了真实的自我：我们假装成另一个人。

当我们依赖最外层的自我来展示给世界时，我们陷入了一个陷阱：自我伪装。我们的言行举止都是为了让自己看起来完美，或者是为了赢得他人的认可，而不是基于我们真正的需求和价值观，做出真实一致的响应。我们与核心层的真实的自我失去了联系，反而将中间层误认为是真实的自我。在内心深处，我们暗自庆幸："谢天谢地，没有人知道真正的我有多么糟糕！"我的一位客户将这种心理状态称为"冒名顶替综合征"。

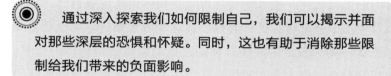

通过深入探索我们如何限制自己，我们可以揭示并面对那些深层的恐惧和怀疑。同时，这也有助于消除那些限制给我们带来的负面影响。

当你将注意力重新聚焦在你的核心层，回归你内在的、本自具足的能量时，你将重新建立与真实自我的深刻连接。你会停止从限制性的中间层出发，而是从坚实的核心层展现自己，穿透那些长期困扰你的恐惧和怀疑。这需要持续不断的练习，但随着时间的推移，你的怀疑和恐惧将逐渐消散。迈克已经成为过去，与他相关的痛苦经历——那些曾经转化为自我怀疑的时刻——已经不再能主宰我与异性的关系。

我要如何停止自我设限？

那么，我们要如何停止自我设限，转变自我认知，并持续保持与内在力量和个人价值的连接呢？在探索接下来一年你想要过的生活之前，请花一些时间，为自己创建一个能够支持你成功的心智环境。

当你将自己置于人生舞台的中央，成为自己命运的主宰者和创造者，而不是被动地任由环境来决定你的成败时，真正的转变就会发生。你开始运用你内在的智慧和力量，塑造一个全新的现实。在这个过程中，你将自己对自我和环境的认知，从那些限制性的信念转变为赋能性的信念，从虚幻的假象转向真实的自我。

现在，我们已经做好了准备，可以深入探讨个人成长中最有力的工具之一：范式转变。范式是指你用来理解自己、他人以及生活中各种事物的一套核心信念和思维模式。可以把范式想象成一副你戴上的眼镜，你通过这副眼镜看待周围的世界，包括你自己。但大多数时候，你可能并没有意识到这副眼镜的存在，你可能会误以为自己看到的一切都是它们"本来"的样子。

那次舞会上被拒绝的经历，让我在无意中建立了一种关于恋爱关系的范式：能有人愿意和我在一起就已经很幸运了，更不敢奢望是我真正喜欢的人。

从那一刻起，我就活在了那个假设之中——这就是我的现实，对我来说，这才是事实。尽管确实有人喜欢我，被我所吸引，但我却没有意识到，对于我与异性的关系，还可以有其他不同的看法和思考方式。

⊚ 　　我们的限制性范式往往不会轻易因事实而改变。我们坚信自己的观念是正确的，以至于任何外部的证据或数据都难以动摇我们固有的想法。

　　我认识许多成功人士，他们的个人范式仍然是限制性的——无论多大的成就、财富或社会认可，都无法改变他们对自己的看法。一旦我们形成了限制性的范式，我们就需要运用智慧和内在力量将其转变为一个更加赋能的范式。如果我们内心深处认定自己不成功或没有价值，那么无论获得多大的成就或外界的认可，我们都无法实现真正的内在转变。这需要我们从内而外地进行工作，从内心深处开始改变。

　　你是否曾经幻想过，只要你赚到了预计数量的钱，你所有的问题就会迎刃而解？那么，那些问题被解决了吗？你是否曾对自己说过，只要能和某个人生活在一起，你就会感到幸福和快乐？但那样真的就足够了吗？

　　当我们的自我认知发生根本性的转变时，我们便能够停止以恐惧的眼光来看待未来。正如《圣经》中所言："人的内心怎么想，他就会成为什么样的人。"请学会将注意力集中在你的内在力量和个人价值上。

　　你是自己的思想和感受的产物。想要改变结果，就必须改变你的思维方式。与其将你的智慧和能量消耗在带来负面结果的信念上，不如将注意力转向那些能引领你实现目标的信念。

环境并不能塑造我们的现实、幸福、满足感或成就感，这是我们自己的责任。

我们每个人都有许多限制性范式，这些范式构成了一套复杂的思想体系、借口和防御机制——是我们失败的根源。我们任由它们主导我们的人生，遵从它们的指引——直到我们觉醒。一旦我们觉醒，就会清晰地看见，我们选择什么样的理由，就会得到什么样的结果。在狄巴克·乔布拉的《不老的身心》（*Ageless Body，Timeless Mind*）一书中，他详细描述了一种导致身体退化和衰败的衰老范式。乔布拉向我们展示了人类拥有转变思维的智慧和能力，可以从衰老范式转向年轻化范式，他提出：

没有意识之外的生物化学过程，我们体内的每一个细胞都在响应我们对自己的想法和感受。一旦我们接受这一事实，那种认为自己受制于无意识、随机身体退化的观念就会消失。

自我转变的第一步在于识别你的限制性范式。你有哪些思维方式在不经意间限制了自己的潜能？又是哪些根深蒂固的怀疑和恐惧塑造了你的自我形象？通过回答以下问题，找出你的限制性信念。

1. 在生活的哪些方面，我没有实现自己的期望？

_____

_____

_____

_____

_____

请快速地回答这个问题，只需列出一些关键点，比如：

- 恋爱关系
- 工作与休闲的平衡
- 挣钱
- 创造力
- 减肥

现在请思考：你是如何向自己解释这些情况的？你在这些方面对自己的评价是什么？你又是如何向他人描述你自己的？在这些答案中，你将会发现自己的限制性范式。

2. 我是如何向自己解释这些失败的？

_____

_____

_____

_____

_____

你的答案可能听起来像这些：

- 不管我怎么努力，我都不会成功。
- 我不具备成功所需要的条件。
- 因为我没有上过大学，所以我不够聪明。
- 我年龄太大了——已经太晚了。

- 我太忙了——已经有太多事情要做了！
- 我不值得。
- 能够拥有现在的一切已经很幸运了。
- 我没得选择。
- 我现在赚的可能比我应得的要多——希望不要被发现！

回想一下"煎蛋模型"，你的这些答案都处于模型的中间层。当你的生活是由这些限制性范式主导时，它们会将你带往哪里呢？你的注意力集中在哪里，你的成果就会出现在哪里，而范式塑造了我们生活中的核心关注点。它们决定了我们成功的程度、我们的人际关系的质量和我们满足感的深度。在这些限制性范式的主导下，其结果必将是令人失望的。通过把这些范式全部写下来，我们就能更有意识地觉察到它们，以此来松动它们对我们生活的控制，削弱它们对我们的影响。

在不知不觉中，我们用自身的智慧给这些假设赋予了力量，致使我们得到了与这些限制性信念相一致的结果。

一旦你觉得你已经列完了所有失败的理由，至少目前是这样，请你圈出那些对你影响最大的理由。哪些被你当作了真理？哪些是你完全相信并为此买单的？当我们继续往下探讨范式转变的技术时，请你从这些信念中挑选出一个来进行实践。

范式转变

识别自己的限制性范式是自我觉察的重要一步。

在我一生的大部分时间里，金钱一直困扰着我。不管我做什么，我的花费总是会超过收入，这总是让我陷入麻烦之中。信用卡账单和银行对账单被我藏匿在书桌抽屉里未曾拆封，往往由此导致的法律诉讼的威胁驱使我在深夜匆忙设法补救，使我整晚都陷入自我责备的恐慌之中。这样的情况，一再发生。

有几次，我从银行贷了几笔债务整合贷款，还清了信用卡欠款和我的各项账单，清偿了所有的债务。但我无法抵挡再次刷爆信用卡的诱惑。我已经记不清这种情况发生了多少次。

我所做的一切似乎都无法结束这个无望的循环，因为我的行为是由一个隐藏的限制性范式驱动着：我想要更多钱，但我永远不可能比现在挣得更多了——我就值这么多！只要我抱着这个想法，那么无论我尝试做任何改变，结果都是一样的。我就像是被一块隐形的磁铁牵引着，反复掉进同一个坑里。

然而，一旦我开始审视自己对待金钱的态度和思考方式，这个潜在的范式就变得显而易见了。在我很小的时候，我就制定了一系列有关金钱的规则和结论，但它们躲藏在我潜意识的边缘，我无从知晓它们的存在。我的生活其实已经给了我线索，但我不知道如何发现它们真正的含义。一旦我开始审视有关金钱的思考方式，我发现我创造了两条根本性的规则，这些规则塑造了我关于金钱的限制性范式，并决定了我的财务现状：

- 作为女人，我不能赚得比伴侣多。
- 当这个世界上还有人在挨饿时，赚取大量财富是不公平的。

同时还有一些普遍存在的观念，仍然对我有着很深的影响：

- 金钱是万恶之源。
- 我不是那种能赚很多钱的人。
- 金钱是稀缺资源——只有这么多。
- 如果我挣了很多钱，我就会变得贪婪又可怕。
- 我不具备能够赚很多钱的能力。

当我要从这些想法中找出对我影响最深的限制性范式时，我发现是有关人们挨饿的那一条。长期以来，我一直深信参与金钱游戏就等同于出卖自己的灵魂。我怎么可能会考虑做出这样的改变呢？如此自私是有罪的。

然而，当我遵循这样的想法时，我逐渐认识到，那种认为资源稀缺、自己不配拥有更多的想法，实际上只是让我和其他人一样陷入贫困。我的贫穷能给他人带来什么呢？如果我连自己的账单都付不起，又能为他人提供什么帮助呢？就在那时，我意识到，改变我与金钱的关系，实际上是在提升我的自我价值感。我开始想象，如果我能够深入挖掘这个问题的根源，并赚取我认为自己真正值得的金钱，我将能够更有力地帮助他人——无论是在精神上还是在物质上。我为自己设定了一个新的、积极的金钱观念：金钱是充裕的、流动的。它不仅能够让我充分表达自己，还能让我慷慨地做出贡献。这个观念在过去的二十多年里一直激励着我，成为我力量的源泉。如今，我每年给予他人的金钱数量远远超过了我当时的年收入。我的收入也增长了许多倍。而这一切的改变，都始于我对"最好的一年"第四个问题的深入思考。

新的一年，全新的赋能范式

> **范式转变的四个步骤：**
>
> 1）识别你的限制性范式。
>
> 2）思考是什么在支撑它——那些限制性的想法、感受和预设的好处。
>
> 3）创造一个新的赋能范式。
>
> 4）学习转念的艺术：当你被旧有的限制性范式困住时，转换到你新的赋能范式。

我们已经完成了范式转变的前两个步骤。如果你还未开始，请先选择一个你最想改变的限制性范式，以便开启并创造属于你的最好的一年的旅程。

◉　你不用一次性改变所有的一切——从当下对你影响最深的一个限制性范式开始。

如果你已经完成了范式转变的前两个步骤，那么你可以开始构建一个新的赋能范式。这个范式将引导你在接下来的一年中实现你的目标，建立你渴望的关系，并塑造一种全新的认知模式和思维方式。

　　范式转变是一个根本性的改变，它关系到你是谁、你会做什么和你将拥有什么样的人生。当你开始转变范式时，事实上你拿回了自己人生的主导权。

　　无论是限制性范式还是赋能范式，它们的运作原理都是一样的。它们各自都以一句陈述性的描述，总结并概括了我们的认知以及我们相信什么。我们对这句描述深信不疑，并动用我们所有的资源来让它成为现实——然后，它成真了。我们一次又一次地证明我们以为的就是真相——通过我们的思维方式、情绪感受、行为活动、取得的结果和人际关系，真相无所不在。因此，你完全具备让范式变成事实的能力——而你需要做的仅仅是转变你的范式，让它成为一个能够为你带来高投入和高回报的赋能范式。

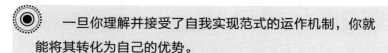

　　一旦你理解并接受了自我实现范式的运作机制，你就能将其转化为自己的优势。

　　在写下新的范式之前，请好好地看一看你当前的限制性范式。用什么样的描述能够打破你固有的认知，打开新的视角？当你看到下面的限制性范式和赋能范式的例子时，你可能会觉得这些赋能范式太过积极或简单了。请从这样的念头上挪开。专注于思考你的限制性范式，以及你真正想要创造的是什么。

限制性范式　　　　　　　　　**赋能范式**

有人要我就不错了　　　　　　　　我配得上任何我喜欢的人

我懂得最多	我乐于从他人身上学习，并在他人的帮助下更快速地获得成功
我又胖又丑又无力	我苗条、强壮又健康
我想要更多钱，但比起我现在挣到的，我不值得拥有更多	金钱是充足的，并且它会自动地进入我的生活
我不能做我真正想做的事情	我有权获得一切我想要的
我不够好	我有很多可以奉献的，我乐于寻找让我奉献的地方

当你在思考想要在你的生活中创造出什么时，不要给自己设限。决定你想要什么，并以一句清晰的表达把它写下来。如果你问我："你是怎么做到的？"我的回答是："编的。"

你的描述需要准确地反映出你想要什么。当你第一次写下时，它可能只存在于你的头脑层面。你还没能够体验到它的真实性，而且你很可能在心灵或情感上并没有真正地拥有它。然而，如果按照新的赋能范式去思考对你来说是一种挑战，这说明你正走在正确的道路上。

请注意上述的新范式是如何措辞的。每一个都符合以下赋能范式的标准：

- 个人的

- 现在进行时
- 积极的
- 强有力的表达
- 指向让人兴奋的新的可能性

一旦你写下新的范式，请确保它与你完全契合。你的新范式会指引你走向哪里？当它成真时，你会获得的具体结果是什么？确保你的用词准确地表达了你想要创造的新现实。

 请记住：我们的范式塑造了我们的成就和关系。

超越常规地理性思考，给自己一些时间，让想法像子弹一样飞一会儿。认真考虑那些新的可能性，并对你生活中可能出现的变化抱有热情。期待奇迹的发生。现在，你已经为你的心灵花园施下了最好的肥料，想象一下，在这种范式滋养的土壤中，你种植的目标将会如何苗壮成长。正如阿尔伯特·爱因斯坦认为的："想象力比知识更加重要。"

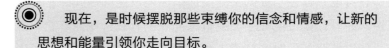 现在，是时候摆脱那些束缚你的信念和情感，让新的思想和能量引领你走向目标。

记住，这是有关于你的真相，而不是头脑层面的积极思维。当你读到它时，提醒自己它代表着"我是谁"。你的限制性范式反映的是中间层——你的怀疑和恐惧。这不是真相。新的范式才是关于你的真相。你正在从过往的限制性的自我认知中跳脱出来，重新与真正的自我建立连接。请确保你的新范

式能够赋予你力量，实现你想要达成的目标，创造你最好的一年。

当我们被限制性的范式主宰时，我们过着未经审视的、无意识的生活。如果我们停下来思考，就会发现这种混沌的状态让我们一无所获。很多时候，我们的限制性范式是一种悖论——也就是说，我们的内在对话不单是消极的，它们还是相互矛盾的。请看图2-5。大脑右侧的想法把我们的注意力拽向"我要多挣钱"，而大脑左侧的想法倾向于"拥有更少的钱"。正如我们从物理学中学到的，当两个大小相等且方向相反的力作用在同一个物体上时，物体就会保持静止状态。我们哪儿也去不了。这听起来熟悉吗？

图 2-5　大脑中的不同想法

然而，一旦我们确立了赋能范式—— 一个我们有意识地创造的焦点，用以吸引我们真正渴望的东西——我们就有了一个明确的焦点来引导我们的注意力和意识，见图2-6。

在图2-6中，我们的理智和情感一致地指向同一个方向，没有能量或注意力的分散。图2-5中的人物看起来最多不过是在环岛上绕圈，而图2-6中的人物则是坐在驾驶座上，清楚地知道自己的目的地。当你处在第二种状态时，你就能遵从真我，有可能创造一个新的现实，这种强大的驱动力会使你持续专注于你想走的路。

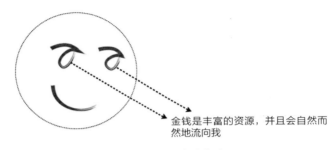

金钱是丰富的资源，并且会自然而然地流向我

图 2-6　明确的焦点

专注于新范式

一旦我们踏上通往最好的一年的道路，生活将再次变得忙碌，这时要始终保持专注并不容易。

当你的念头、情绪、态度和观点将你导向旧的认知模式时，请觉察它的发生，并且有意识地从这些念头和感受中抽离出来，并注意它们正把你带向哪里。如果它们指向的是错误的方向，请重新聚焦于你的赋能范式，并将你的赋能范式大声地说出来，有意识地调整你的情感、理智与意图所聚焦的方向。

对我来说，最有效的心理技巧是将我的头脑想象成一个鸟笼。我头脑的一侧象征着入口，另一侧则是出口。我把头脑中的念头想象成飞入鸟笼的鸟儿。如果它们是限制性的，不能带我去想去的地方，我会确保出口是打开的，并想象着这些"限制性鸟儿"再次飞出并消失在空气中。我会尽我所能地避免这样的诱惑：邀请这些鸟儿共进晚餐，认同它们，喂养它们，直到它们变得太胖而再也无法飞出去。到那时，我又将重新相信这些鸟儿，并对它们携带的限制性信念信以为真。好吧，我上钩了。

许多人会在小纸片上写下他们全新的赋能范式，并把它们贴在家里能够引起他们注意的地方，比如浴室的镜子上或者冰箱上。我曾经在字典中查找我的每一个赋能范式中的每一个单词，以便我能够更深入地理解和欣赏它的底层内涵。

◉ **勇敢地塑造你的范式，将你的驱动力和注意力集中在那些对你来说是最真实的、最有力的自我认知上。**

最重要的是，你要意识到你是如何向他人谈论自己的。我并不是建议你在任何时候都鹦鹉学舌般地向人们重复你的新范式，而是要以一种能够支持你新的自我意识的方式进行表达。例如，虽然我并没有跟人们谈论我有关金钱的新范式，但我会在适当的时候告诉人们，金钱对我来说已经不再是问题。

要创造你最好的一年，不仅需要改变你的行为，还需要改变你的思考方式和感知方式。仅仅改变外在的行为，又或者单一地改变你的心智或情感环境，是不够的。积极的、持久的变化需要两者同时进行。

探索范式转变的科学和艺术，是赋予我们生活的最宝贵的礼物。它教会我们如何设计并实践自己的新范式，从而成为自己命运的主宰，而不是被那些无形的限制性范式所操控。还有什么能比它更令人向往呢？

问题五：我的个人价值是什么？

> 仅仅像掌握一门艺术那样拥有美德是不够的。它应该被实践。

> ——马库斯·图留斯·西塞罗

什么在驱动你？

这本书的目的旨在帮助你重新掌握自己人生的方向盘。保有对个人价值的觉察能帮助你更好地理解真正驱动着你的是什么。例如，为什么你会读你手中的这本书？你在寻找什么，又是为了什么？

驱动我们大多数人的动力是，在忠于自我和忠于对我们真正重要的事情的同时，提高我们的生活质量。尽管在日常生活中我们可能并没有意识到这些基本动机，但这些隐藏的驱动力是我们生活中最强的。我们越能意识到它们的存在，就越能从中获得能量，从而做出生活中必要的改变。

当你意识到每个具体的目标背后是什么在驱动着你，你就会发现每天早上是什么将你唤醒。你越是能够觉察到内在的心理动机，就越是会在新的一天到来时满怀热情地起床和开始一天的工作。

当我问人们想要什么时，他们通常会说获得晋升、买辆新车、度假、获得更高的收入、找到老公或老婆、有一个孩子。但是在这些目标背后通常隐藏着一些别的东西——不那么明显的目标或愿景。

例如，我们想要一辆新车，但我们想要的是这辆车还是它所代表的东西呢？我们想要的是驾驶时的感觉——去到我们想去的地方时所产生的愉悦感和轻松感，或是当我们拥有这辆车时他人对我们的看法——象征着的身份或财富，又或是我们所追寻的力量感？一旦我们清楚地知道自己真正想要的是什么，我们就可以同时聚焦于外在的目标以及内在的本质，从而更好地实现我们的期望。

也许你的其中一个目标是变得更加健康。你是被医生要颁发给你的金星奖章所激励，还是你真正追求的是更有活力或提升自尊？这些无形的驱动力都源自于你的个人价值——照顾自己。

我们往往没有意识到这些隐形的无意识的"驱动力"，这就是为什么当我们最终实现了目标时，常常会感到不满足。你是否有过这样的经历：为了实现目标，你全力以赴地努力工作，但当你最终实现时却感到失望？我们常常追求的并不是成就本身，而是我们实现它时能获得的那种体验。

当我意识到我追求的并不是拥有"更多的钱"，而是借由钱能让我有机会充分地表达自我和慷慨地帮助他人时，我在创造财富的能力上取得了重大突破。我将挣钱的目标与两个重要的个人价值关联起来：自我表达和帮助他人。比如，如果你有家庭，那么你对金钱的渴望可能并不是为了更多的钱，而是能让你忠于你的个人价值：关爱家人。

如果你的目标是在工作中获得晋升，升职加薪可能是你具体的显性目标，但是追求更大的成就感和自我认可则可能是更深层次的隐性目标。驱动你前进的个人价值可能是自我表达或自我实现。

在我们许多具体的目标之下（比如房子、汽车、金钱、度假甚至是衣着），都暗含着隐性目标，这些目标更充分地诠释着我们的个人价值。当我们能有意识地觉察到这些价值时，我们会建立更清晰的自我认知，更重要的是，我们将找到改变生活的强大动力。

基本生命追求

在追求自我实现的道路上，最大的阻碍是我们潜在的假设：我们还不够好，无法成为我们真正想要成为的人！这种感觉源自我们的限制性范式——我要如何证明自己足够好？我们追求的自我改变常常建立在一个谎言之上，那就是我们还不够好，所以需要做更多的事情来证明自己，然后才能展示自己真实的自我。

然而，这种自我限制的范式会把我们引向哪里？我们浪费了大量的精力去证明自己，证明自己值得、证明自己是有价值的。我们寻求他人的认可胜过实际的成果，并且很容易掉入这样的陷阱：将他人的看法置于自己的想法之上。

几年前，我的一位同事严厉地批评我，她指责我处理工作的方式简直是自私自利。我花了好几个月进行自我反省才恢复理智，并最终意识到她说的并不对，她的假设是错误的。我明白她为什么会攻击我，但我知道她对我的看法并不是事实。在这个非常痛苦的过程中，我坚定了按照我的个人价值而生活的决心，并相信我为他人做出贡献的动机。

我见过一些大型公司的董事会高管，他们的思考和行动方式似乎需要等待他人授权，以便他们能够接手并推动事情向前发展。尽管他们已经处于具有领导力和影响力的职位，但他们并没有实施自己一直渴望的变革，反而退缩，害怕承担他们已经赢得的领导责任。

请使用图 2-7 中的模型来思考你的生命追求。你的生命追求属于左边的圆圈还是右边的圆圈？你是如何投资你的智慧和你的生命力量的？如果你发现你属于生命追求 I 型，那么你想要转变为生命追求 II 型的觉悟和决心，将足以使你的生活发生根本性的改变。

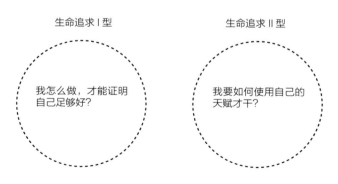

图 2-7　生命追求模型

　　有时，我们需要一些时间来弄清楚我们在做什么，以及我们正在从事哪种追求。当蒂姆和我刚刚结婚时，我们会在晚餐时坐在餐桌边，边吃晚饭边喝点小酒，同时聊一聊一天的生活。那时他正在创办一家公司，这是他第一次处于领导地位，并承担着企业的全部责任。尽管这是他一直梦寐以求的，但到了真正实现的时候，却让人感到害怕和恐惧。

　　每当他面对一个新的挑战——第一次创造现金流、提升销售额、培训新员工——他都会陷入自我怀疑。他对我敞开心扉，让我了解他的感受。一个又一个晚上，我不断地安慰他，提醒他确信自己的优势和能力。然而几个月之后，我注意到我们的对话有一种熟悉的模式——它们似乎并没有让他感觉更好。我意识到我成了问题的一部分，并助长了他的生命追求 I 型的范式。我们必须停止这个游戏，以使他能够自我赋能。又是一天的晚上，当他分享他对自己的怀疑时，我说："你知道吗，也许你是对的。你可能就是没有成功所需的条件！"这场游戏到此结束。

　　我们可以将相伴一生的固有范式（如我不够好、我不值得）转变为更加健康、充实的生命追求 II 型的范式——我能用我所拥有的天赋做些什么。

　　生命追求 II 型建立在一种赋能范式之上——这种范式将践行个人价值置于自我和生存之上。它受到一系列价值的驱动，如坚定不移、支持他人、自我实现和坚守承诺等。在这种生命追求 II 型的框架下生活，对我们的生活方式产生了深远的影响。我们没有时间沉溺于自我怀疑和恐惧——因为有太多重要的事情等着我们去完成。

生命追求Ⅰ型侧重于提升个人的外在特质或行为。当我们陷入这种模式时，我们可能会沉溺于自我，进行深入的内省，将时间耗费在试图弄清楚自己的问题上。虽然这样的过程可能会带来一些突破和领悟，但对于那些深陷其中的人来说，他们的人生剧本往往不会发生根本性的改变——即使出现了新的篇章，故事的主线依然是"我不够好"。

我最好的一位老师用心良苦地教会了我这一课。曾经在一次会议上，他对我说："你让我想起了一棵橙子树竭尽全力地想要长出橙子。"我花了好几个星期才明白他的意思，最终我意识到他是在告诉我，我陷入了生命追求Ⅰ型的陷阱，这是在浪费我的时间和精力。橙子树上长橙子——它压根就不需要浪费一丝一毫的能量去担心自己是否能长出橙子。听上去很荒谬，不是吗？

但我们正是这样做的。每当我们把时间耗费在自我怀疑和恐惧上，而不是思考"我能用我所拥有的一切做些什么"时，我们就陷入了生命追求Ⅰ型的陷阱。想象一下，如果你带着一种开放和好奇的意图开始新的一天，问自己："今天，我要将我的天赋用在何处呢？"这样的转变会给你的人生带来怎样的不同？每当我看到人们依靠自己的天赋和才干取得成功，这样的故事总是让我感到鼓舞。

在我跟蒂姆结婚的第一年里，我常常会感到焦虑不安，并要求他给我更多的爱。为什么你总是这么累呢？为什么你就不能帮我分担更多的家务呢？为什么你总是不能遵守约定，按时回家呢？为什么你就不能安排一些社交活动呢？为什么你不去安排好看戏剧、看电影和度假这些事宜呢？简而言之，我都是在问他"为什么你没有更爱我"。这是生命追求 I 型的典型表现：我一次又一次地试图让蒂姆证明他爱我，这样我才能确认我足够好。

直到有一天，我突然醒悟了。我想要的是"爱的关系"，然而我的行为并没有与我的价值保持一致。实际上，我所做的与我想要的刚好相反。我通过争论、抱怨、辩解和焦虑制造了令人不安的关系氛围。我才是创造这一切的那个人。他没有抱怨，是我在抱怨。

我逐渐明白，如果我想要一个充满爱的关系，那么我必须亲自去实现它。我深知自己拥有这样的力量。好消息是，如果我决心改变，我就能够让改变发生。但坏消息是，真正的挑战不在于我是否有能力做到，而在于我是否真的愿意这么做。我是否愿意承担起关系中的引领者角色，是否愿意放弃等待者的角色，不再期待对方先做出改变，而是主动去创造我想要的爱的关系？我是否愿意放弃那种"除非你先……我才会……"的游戏？

促使我做出改变的是我的意识：我的行为与我的价值并不一致。我表现得就像是一个受害者。我的行为是对环境做出的应激反应。我期待我的丈夫能给我我想要的关系。一旦我开始以我理想的关系状态——用一个词来说就是爱——来行动时，我们的关系也变得越来越牢固。在婚姻关系中，我转向了生命追求 II 型。我意识到婚姻是给予我们爱他人的机会，它并不是用来证明"我很好"或者"我是被爱的"地方。

结果，蒂姆变得更加有爱、浪漫和乐于助人——所有这些都是我渴望的。但这并非偶然。这一切都始于我诚实地认领了我的价值——爱。

生命追求Ⅱ型是向外聚焦的。它包含了我们对自己所处世界以及他人的觉察，使我们能够意识到我们对他人、环境以及问题产生的影响。但这并不意味着我们要为了他人牺牲自己。任何属于生命追求Ⅱ型的人的首要责任都是照顾好自己。

什么对你最重要？

每天早上唤醒你起床的是什么？你为什么这么努力工作？是什么在驱使你做某事？你的第一反应可能是"我没得选"——请注意，这是受害者思维。是时候超越这层意识状态，找到你真正追求的是什么了。

你是谁？你希望在你的生活中展现哪些价值？找到你内心那个强大的驱动力，它会激励你为自己创造一种全新的生活方式。花时间去发现你强有力的个人价值，那些能够驱动你按照全新的赋能范式生活的价值。

当我们这样做时，我们对自己说："我已经受够了！我足够好，我已经准备好继续前行。"带着这样的决心，你可以突破自我怀疑和煎蛋模型的伪装，更充分地表达自己。你可以战胜懒惰、惯性、失败、借口和宿命感，迈向你最好的一年。

你不是流水线上等待完工的半成品，你是一个完整的个体。发动引擎，开启你的旅程吧！

你的个人价值是什么？

价值代表着你做事的个人准则或判断标准——是用于评价什么对你来说是重要的或有价值的依据。它是我们每个人内心深处所坚守的信念。它塑造了我们的工作方式、所做的选择以及与他人互动的方式。价值体现了我们每个人存在的根本意义。

你在定义你的个人价值时，要警惕潜在的限制性范式。这只是给你提供了又一个失败的借口，从而向你自己证明你没能实现你的价值，或者更糟的是，你根本就没有值得遵从的个人价值和原则。这是生命追求 I 型的另一种表现。

意识到我们的个人价值以及我们对生命追求 II 型的承诺，可以使我们的注意力从一些隐藏的、破坏性的负面驱动因素上转移开来，比如：

- 怨恨
- 报复心理
- 想要引起他人的同情
- "我要证明给他们看看"的心理
- 自我牺牲
- 道德绑架

在思考生命中什么是你真正重要的事情时，其中一种方式是想象你生命终结时的情形。你希望人们如何记住你？你希望墓碑上刻着些什么？在你的葬礼上，当人们围绕着你时，你希望他们如何评价你？最重要的是，你希望人们是因为什么而敬佩你？

当我与人们进行工作并引导他们进行这一系列的探索时，有一些共性的价值会一次又一次地反复浮现。它们是人类根本的、无可否认的、真实存在的价值。在人们的价值列表上常见的可能有：

- 正直
- 照顾自己
- 关爱家庭
- 自我实现
- 做出改变
- 信守承诺
- 诚实
- 信任
- 内心平静
- 幸福
- 同理心
- 尊重
- 成就感
- 全力以赴
- 自我表达

想一想你的个人使命和价值。询问自己以下问题：

- 什么价值代表了我是谁?
- 什么价值是我想要活出来的?
- 因为我与他人的互动,我希望发生什么?
- 我想要对他人产生怎样的影响?

现在,请花时间写下你自己的个人价值。

_____

_____

_____

_____

_____

这么做的目的是澄清你的价值,并在你的内心和头脑强化对价值的觉察。根本性的原则或价值是不会改变的。至于你是否活出自己的价值,那是另一个议题,你可以在规划接下来一年的计划时进行处理。但请不要怀疑这些价值本身。

如果你回想起那些你没有遵从自己价值的时刻,可以将它们视为没有真正活出自我的时刻。我们都会犯错,但关键在于我们能否从中学习并继续前进。这正是生活的本质。只要你的根基牢固,你就可以一次又一次地成长,正如自然界的生长规律所示。

超越物质诱惑

按照个人价值而活，将引领我到达新的境地。我们的生活动机不再仅仅局限于追求物质上的满足——我们的物质世界和享受。这些享受本身并无不妥，但它们只是我们人生旅程中的里程碑，而非我们存在的根本理由。请不要误解，我并非倡导苦行僧式的生活——绝非如此。我享受物质带来的愉悦，但这些享受是为了滋养我的精神世界，让我能更好地履行我的人生使命。它们本身并不能给我带来满足感或成就感。

20 世纪 80 年代被称为贪婪的年代——在这个年代，许多人为了财富而陷入物质主义的游戏。我们知道的很多人做出了违背价值主张的事情，并被抓了个现形。像这个世界上的马克斯韦尔家族，他们存在的一部分价值是唤醒人们意识到那些未能忠于自己和他人的行为最终会带来怎样的结局。

提高对个人价值的觉察并增强对它们的认识，是迈向你最好的一年的重要步骤。这个过程唤醒了你最强的驱动力和你最自然的动机。

事实上，我们无处遁形。我们不是隐形人。我们能完完全全地看到他人，他人也能以同样的方式完完全全地看到我们。当我们内外一致地遵从价值而活时，这是显而易见的；当我们没有遵从时，也是显而易见的。当我们更有意识地觉察个人价值时，可以确信的是，这个世界所看到的我们是我们为之感到骄傲的人。

当你继续在人生道路上前行时，记得捕捉那些展现你真实自我的时刻；学会欣赏这样的自己，这是一个多么强大的驱动力。我的一个客户朋友就有一个很好的习惯，他每晚睡前都会进行他所谓的"枕边自省"。在这段时间里，他会回顾一天中的点点滴滴，思考那些让他感到自豪的时刻，以及那些他可以做得更好的瞬间。

勇敢地做真实的自己，打破自我怀疑的枷锁和外在的伪装，展现你真实的自我。当你遵从价值而活时，你将更加清晰和完整地展现在他人面前。虽然从长期的自我隐藏中迈出第一步可能会让你感到不安，但随着你的前进，你将体验到前所未有的自由和成就感。

问题六：在生活中，我扮演了哪些角色？

我经常在夜里醒来，开始思考一个严肃的问题，并决定将这件事告诉教皇。然后当我完全清醒时，我记起自己就是教皇。

——教皇约翰二十三世

为什么要思考角色问题？

回答这个问题能让你全面审视生活中的各个领域和责任。当我发现自己急于完成一项项任务，却弄不清自己是否真的取得进展，还是只是在做无用功时，停下脚步，思考我所扮演的各种角色，总能帮我找回理智和方向。

> 将你的生活视为你所承担的各种角色的集合，是一种整合你生活中的各个领域的明智方法。这种方法能够确保你始终将自己的价值置于核心位置，从而指导你在不同角色中的表现。

从你扮演的角色的角度来审视你的生活，有很多其他的好处：

1. 提供方向

无论是作为母亲还是教练，我都保持着一种始终如一的自我认同感。我能清晰地感知到自己生命之流的轨迹，我知道它正在前往何方，以及我希望它达到的目的地。我想象自己正站在生命的河流中央，掌舵导航，引领自己朝着既定的方向前进，同时始终保持对个人原则的清醒认识。

深思你扮演的角色不仅能让你明确生活的方向，还能赋予生活更深远的意义，而不只是为了改善眼前的处境。你构建了一个价值的连续体，这将会加强你与真实自我的认同感——是那个真实的你，在引导你扮演的每一个角色。这使你打破了"我没得选"的幻觉。

2. 将你的价值置于生活的中心位置

当你将"角色"与"如何扮演好这些角色"联系在一起时，你会自然而然地思考"在每一个角色中，对我来说最重要的是什么"这样的问题，并用它来引导你的行为。这种思考方式不仅是一种更有效的衡量生活成功与否的方法，而且也是一种自我确认的过程。

> 觉察就是一切。仅仅通过思考你的角色和价值，你就能改变对待自己和生活的方式。它让你成为自己命运的主宰者，而这种掌控感，除了觉察，没有其他力量能够赋予。

我发现，那些以个性为驱动的自我提升格言常常会让我感到困惑，因为我不知道如何在"捍卫自己"或"坚定立场"的同时，不担心违背自己的原则或忽视他人的感受。然而，当我专注于自己的角色和价值时，这些怀疑和恐惧就会自动消散。例如，当你真正以"爱家人"的价值为行动指南时，你会发现这种价值会在你的伴侣和家人角色中自然地体现出来。

3. 让生命追求 II 型成为自然的选择

当你从人生角色的角度来思考生活时，你会自然地往外看。当你的视线和觉察力聚焦于向外时，你是很难沉浸在自怜或自我怀疑之中的（当然，这也不是不可能）。

回想一下当你在帮助一个深陷困难的朋友时，你是否会花时间考虑自己能否做到，还是你会直接去做，尽你所能？

当你意识到自己渴望承担起朋友这个角色，并且在心中对这个角色的样子和感觉有一个清晰的画面时，你就消除了证明自己的需求，且不会在无谓的寻求认可中浪费你的精力。这时，聚光灯就会从你身上移开，转向你想要向外给予的东西。聚焦点从个人转向个人价值，转变发生了，你自由了。自我消失了，类似"我表现得怎么样"的想法也随之消散了。

4. 平衡你的生活

多年来我听到人们最常抱怨的是他们的生活失去了平衡。人们将太多的时间和精力投入到生活中的一两个领域，而对其他领域的关注却远远不够。这样做的代价是高昂的。

在我的工作中，我遇到过太多这样的中年工作狂，他们在 20 年的高强度工作后，发现自己孤身一人，而且几乎不可能重建那些随着时间流逝而本应轻松保持的人际关系——我相信，这并不会给他们的事业带来任何损失。实际上，结果可能恰恰相反。

从角色的视角展开探索，能确保你生活的各个方面都毫无遗漏地包含在内。"最好的一年"有一个重要的部分是每周进行一次简短的总结回顾，思考你的角色以及每个角色在接下来一周要完成的最重要的事情。通过这种方式，你为自己设置了阶段性的目标，并一步步朝着接下来一年的目标迈进。随着你越来越忠于自己以及对你而言重要的事情，你的动力会越来越足，你的个人力量和能量也会随之增长。

这个简单的策略可以帮助你避免陷入"专注"的黑洞——即过分专注于生活中的某一个角色或某项事务，忽视了其他方面。在一周的时间里，虽然我在某些角色上投入的时间确实比其他角色多，但我确保每个角色都能完成一些关键任务。我能够清晰地区分意图与时间之间的不同价值所在。例如，与家人建立牢固的关系往往只需要很少的时间。

生活中的许多压力、焦虑和抑郁往往源于我们的视野变得越来越狭窄，我们忘记了关注自己真正渴望的东西。在恋爱关系方面，我有一段尴尬的回忆：我曾经多次完全沉浸在其中，以至于忽略了生活的其他方面。这种过度的专注最终导致我不仅失去了自我，也失去了那些关系。

5. 提升你的自驱力

当你做出你认为正确的选择并坚持去实现时，你的内在动力和自驱力便会增强。这形成了一个自我持续的、积极的循环，你被自发地驱动着去做出你想要的改变——不是为了变得更好，而是为了更有效地扮演你的角色。

当我们忠于自己，做对我们真正重要的事情时，我们就在以内外一致的方式生活。

我吸取的重要教训之一是，许多痛苦来自于内外不一。当你从角色的视角进行自我整合时，你就构建了一套人生设计，支持你由内而外，忠于价值而生活。你的能量和热情回归了，继续前行也毫无阻碍——因为你根本无法停住自己。

你有哪些角色？

当你在定义你的角色时，记住这只是你当前的角色清单。随着环境的变化，我们往往需要放弃旧的角色，增加新的角色，或是改变现有的角色。

首先，请思考你当前承担的角色。

- 我当前有哪些责任？
- 在我的人生中，我需要对什么负责？
- 我白天做了什么？我周末又做了什么？
- 在进行每项活动时，我会如何称呼自己与之对应的角色？

思考一下那些你目前没有积极关注，但感觉应该投入更多的角色。比如，你与父母的关系是你想要的吗？也许在过去很多年里，你并没怎么关注"儿子"或"女儿"的角色，但现在，你希望有所改变。如果是这样，那么这个角色就应该出现在你当前的角色列表上。

同时，请给你的想象力一个发挥的空间。什么角色是你想要但是还没有的？今年，"作家"这个角色第一次出现在我的角色列表上，尽管当我在年初进行"最好的一年"的计划时，我还一个字都没写，但是，把这个角色写在我的列表上能让我行动起来。那么，什么是你梦想的角色呢？画家、冒险家、演员、学生、销售员、航海者，这些听起来怎么样呢？

这里有一些人们在生活中所扮演角色的名称示例：

父母	爱人
儿子，女儿	丈夫
家人	妻子
房屋主人	厨师
管理者	执事
接待员	家庭主妇
募捐者	朋友
导演	诗人
销售员	设计师
我自己的监护人	冒险家

至关重要的是，我认为你需要一个专注于自我照顾的角色——无论是作为自己的教练还是照顾者，你可以根据个人喜好来命名这个角色。即便你全身心投入到生命追求Ⅱ型中，自我照顾依然是不可或缺的。只有照顾好自己，你才能有足够的力量、耐力、健康去激励和照顾他人并履行你的职责。每周回

顾自己的表现和每个角色的意图，你将能够更清晰地思考自己的需求，并采取行动来满足这些需求。围绕生命追求 II 型的生活并不会忽视自我照顾——相反，它是自我照顾的延伸。如果我们忽视了自我，变得疲惫不堪、压力倍增、心怀不满，就无法有效地扮演其他角色。

一旦你将所有的角色都列在了清单上，请你数一数，在你的清单上有多少个角色？如果超过了七个或八个，那么我强烈建议你合并其中的几个角色以缩小你的关注范围。就像管理者必须限制他们直接下属的数量，这样才能保持清醒并能够指导、教练和授权每个人一样。你需要限制你的角色数量，以便能够成功地进行自我管理。化繁为简，避免让自己感到压力重重。为自己设定成功的局面。

美国诗人亨利·大卫·梭罗曾说："我们的生活被琐事消磨殆尽了。简化，再简化。"

我今年的角色有：

1. 金妮的教练
2. 作家
3. 教练
4. 妻子
5. 妈妈
6. 家庭成员

7. 朋友

8. 家庭事务操持者

为了简化角色，我将所有与家务、汽车维护和家庭财务相关的事务都归入"家庭事务操持者"这个角色的职责范围。同样，我与蒂姆的父母、叔叔阿姨、兄弟姐妹以及侄子侄女之间的关系管理都被纳入"家庭成员"这个角色的职责范围。

想一想你当前扮演的角色，以及那些你感到要承担更多的角色，或是你想要在生活中新增的角色。把它们列出来，记得将这些角色进行整合，这样当你在实现"最好的一年"计划的过程中，只需要专注于不超过八个主要角色。

我当前的角色：

1. _____

2. _____

3. _____

4. _____

5. _____

6. _____

7. _____

8. _____

关联角色与个人价值

现在，你已经获得了关于自己的两个重要的信息：你的个人价值和你的角色。为了将这两者融入你的思考中，请查看图 2-8 中的矩阵。

		个人价值							
		爱	诚实	信任	正直	全力以赴	同理	负责	自我赋能
角色	私人教练	✗	✗				✗	✗	
	管理者			✗	✗	✗			✗
	销售员				✗			✗	
	丈夫和父亲	✗	✗	✗			✗		✗
	教会成员	✗				✗	✗	✗	
	家庭成员	✗						✗	
	朋友		✗	✗			✗		
	房主			✗				✗	
		每个角色的价值重要性								

图 2-8　矩阵（示例）

这位男士将他的角色列在矩阵的左侧，而将他的个人价值放在矩阵的顶部。通过这种方式，他现在可以进行几项重要的思考以帮助自己理解得更清晰：在生活的各个领域中，他希望如何体现自己的个人价值？在这个过程中，他对每个角色进行了深入思考，并询问自己："这个价值对于这个角色有多重要？"虽然每个价值在不同角色中都有一定的作用，但他为了塑造每个角色的独特性，他选择了对每个角色的成功最为关键的价值。

这里有一个供你进行思考的矩阵（见图 2-9）——或者你也可以自己在纸上画一个简单的价值角色关联图。

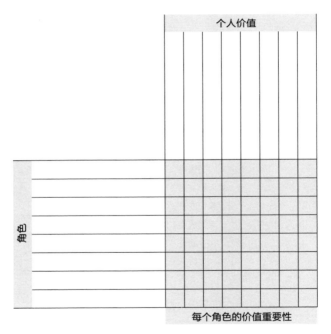

图 2-9 矩阵

除了选出每个角色里你想要呈现的关键价值，你还可以在图 2-9 中做一个快速的自我评估。你对每个角色当前的行为表现感觉如何？如果你认为你当前的角色非常好地呈现了你的个人价值，那么，请用不同颜色的笔，勾选出与角色相对应的价值。然后，沿着表格中的每一个价值继续往下，勾选出那些你认为活出了这一价值的角色。通过这种方式，你可以清晰地看到你的个人成长之旅是从何处开始的——从一个积极的焦点开始。

现在，你已经开始将自己的目光转向外部世界和他人，并更加主动地规划你的个人生活。随着这种转变，你会很自然地开始问自己一些问题，比如：

- 我要如何帮助我的儿子？
- 我要做些什么，才能得到我想要的加薪？
- 什么时候我能留出跟丈夫单独相处的时间？
- 如果我真的想要写一本书，第一步是什么呢？
- 我的妈妈需要我做些什么呢？

自我意识的增强，将会给你的生活带来全新的、有力的改变。我发现，当我聚焦于我的个人价值和角色时，我的压力减少了，而我的自我满足感大幅提升了。现在，我拥有了一套理解事物的方法，这套方法帮助我在面对挑战时保持清晰的头脑，并能够定期将自己拉回到平衡的状态。

我知道，要深刻地认清自己是谁以及你想要什么样的生活，是需要勇气和决心的，但这种自我探索的体验是深远和宝贵的，值得你投入每一点自律去实现它。你的个人价值和你对每个角色的意图将成为你生活的指南针，为你提供方向并塑造你的生活形态。现在，请给自己一些时间，自私一会儿，以便你能够清晰地决定你所处的境地以及你的立场。

以这样的方式来指引我们的生活，其中一个显著的好处是增强了目标感。这种目标感不仅为我们的日常活动提供了方向，也使我们在面对一些棘手的自我探索问题时，能够更加自信和清晰地回答，例如："我是谁？""我在干什么？""这有什么意义？"

你想要如何扮演每一个角色？

虽然"最好的一年"计划关注的是你未来一年的生活，但你可以站在一个更长远的视角，思考你想如何扮演每一个角色。一旦你在脑海中形成一个理想的画面，你就会自然而然地被吸引着以那样的方式生活。

请花大约十分钟的时间，审视你的角色清单。将注意力快速地聚焦在每一个角色上，想象你完全遵从自己的价值，活出了这个角色最理想的状态。然后，询问自己："他/她看起来会是什么样？他/她会有什么样的感觉？他/她说话的声音和语气如何？"请一次专注于一个角色，逐一进行这样的思考。

想象一下你在扮演每个角色时，希望被他人看到的样子。这只是一个初步的思考和规划过程，但通过这种方式，你开始为每个角色播下种子，它将使你成长为你理想的样子。对于每一个角色，你希望获得的结果分别是什么？为了能够指引你更有意识地扮演好你的人生角色，有哪些指导原则或者建议是你会给到自己的呢？

- 作为妻子，我需要多一些欣赏，少一些抱怨。
- 作为丈夫，我要更多地倾听我的妻子。
- 当我跟儿子对话时，我要多提问，真正地去倾听他有什么想说的。
- 我希望能够更坦诚地和我的朋友们相处，为他们提供帮助，并让他们知道我真实的感受。
- 在与家人相处时，我希望更多地表达感激和赞美，而不是一味地输出我的想法。
- 在工作中，我要大胆地提出我的想法。

当你在回答"最好的一年"计划中的第七个和第八个问题时，你将开始聚焦于接下来一年你想要实现的目标。在脑海中构建一个更广阔的画面，可以帮助你确认在接下来一年你想要采取的行动和做出的改变，这样你就能清楚地认识到每一步都是朝着你正在创造的未来迈进。

请记住你最重要的角色——照顾自己。你想要为自己做些什么来帮助你以理想的方式充分扮演所有的角色呢？例如，为了使你在身处每一个角色时都是有爱的、健康的、平静的和快乐的，你有哪些建议给到自己呢？

当你在设想自己扮演不同的角色时，请重点关注首要角色的成功——照顾你自己。自我照顾是至关重要的，这样你才能变得更加强大、更有韧性——使你能够站在生活的中心，而不被外部力量所左右。

问题七：接下来一年，
我要重点聚焦哪一个角色？

> 永远不要提及最坏的情况，将其从你的意识中排除。这种习惯将使你所有的力量集中于追求最好的结果，它将为你带来最好的结果。

——诺曼·文森特·皮尔

人生全景回顾

在决定接下来一年你要重点聚焦的角色之前，请从更高的视角进行思考——关于你的生活和你所承担的角色。想象你正坐在直升机上，从上往下俯视你生活的全景，看到自己忙碌地扮演各种角色和履行各种责任。允许自己以中立的视角看待你的角色和行为。在决定接下来一年要重点聚焦的角色之前，先对你的生活全貌进行评估。

这是"最好的一年"设计过程中的第七步，其目的是通过选择一个重点聚焦的角色来实现生活的突破。其他角色也会有相应的目标，但是有一个领域，是你现在就想要或需要发生重大改进或巨大变化的。

当你从高处往下看自己的生活时，评估一下目前所处的情况。你生活的某些方面是否比其他方面让你更有满足感和回报感？你的生活总体上是平衡的吗？或者你发现有些方面需要重新调整？你现在的生活中缺少了什么？是否有些事情被过度关注，而有些事情又缺少关注？

下面介绍的人生角色平衡轮模型是为了帮助你评估当前的生活状态，以及你在各个角色中的表现。它显示了在新年伊始，你对每个角色表现的自我评价。通过这个模型，你还可以清晰地识别出针对不同的角色，让你感到平衡的分值分布。

图 2-10 是我在年初完成的，它展示了我当前的人生全景。请注意，图中每个辐条代表着我的一个角色。我对每个角色的表现从 1 到 10 进行了打分。这让我在选择今年重点聚焦的角色之前，有机会思考我生活的全貌。

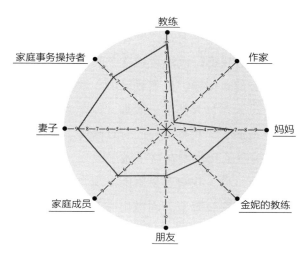

图 2-10　人生全景回顾：人生角色平衡轮

　　由于"作家"对我来说是一个全新的角色，年初时我根本还没有开始写作。所以，我给它打了 1 分，这是我的最低分。我投入了大量的时间和精力在"妻子"和"教练"这两个角色上，并取得了令人满意的结果，所以我给这两个角色的表现都打了 9 分。

　　我的"家庭事务操持者"角色的得分是 7.5 分。我对我的收入感到满意，还有我的车，虽然已经有 8 个年头了，但仍然运行良好。但是让我感到沮丧的是，我想要在家里实现的许多事情都没有达成。那些四处堆放的文件、一摞摞等着被放入相册的照片、单调重复的饭菜，还有或枯萎或死掉的植物……我相信你能想象出这个画面。很显然，我并没有完全实现作为一个家庭事务操持者的个人价值，以及这一切对我来说的意义。所以，总体来说是 7.5 分。

　　目前让我最担心的是我在"金妮的教练"这一角色中的表现——这已经不是我第一次注意到这个问题了。我感到筋疲力尽，并且伴随有健康问题，虽然我已经在解决了，但并没有细心照料自己。尽管我每天都坚持锻炼，但是，我的饮食习惯并不好，体重也增加了，我感觉自己有点臃肿。因此，我给自己打 4.5 分。这提醒了我需要在这里做出改变。通过对我的人生角色平衡轮进行打分，我很容易就能发现自己在哪些方面失去了平衡，以及我需要在哪些方面做出改变。

　　下面有一张空白的人生角色平衡轮（见图 2-11）。在你开始对每个角色的表现进行打分之前，请先花一分钟时间，闭上眼睛，想象一下每个角色都达到了 10 分的情形。要小心，不要陷入一种思维陷阱,认为自己在任何角色上都不可能得到 10 分!如果你生活中的每个角色都达到了 10 分,你会如何行动和表现?你会看到什么样的结果?你的人际关系会是怎样的?在这里,你设定自己的标准——所以,以你为主,让自己成为这个练习的中心。

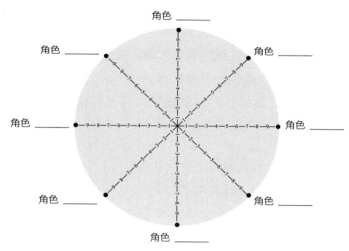

图 2-11　需要你填写的人生角色平衡轮

如果你的角色少于八个,你可能想要自己画一个与你的角色数量匹配的人生角色平衡轮。如果你拥有更多的角色,请整合你的角色,直到八个。

绘制你的人生角色平衡轮:

1. 在每个辐条的"角色"一词旁,写下一个你的人生角色的名称。

2. 请注意每条刻度线被划分成了 10 等份，用于从 1 到 10 进行打分，评估你的表现。10 分——线条末端的圆点——是最高分。例如，如果你对自己的表现完全满意，就给自己打 10 分；如果你有 50% 的满意度，就给自己打 5 分；如果你完全没有做任何事情或者你的表现非常糟糕，你可能会给自己打 1 分。

3. 在每条线的打分处画上一个圆点。

4. 最后，就像我所做的那样，将这些圆点连接在一起。这样你就会看到一张直观的视觉图像，它反映出你整体的表现水平，以及你各个角色的平衡状态。

当你在查看你的"人生角色平衡轮"的结果时，请询问自己：

- 这些打分对我来说意味着什么？
- 从这张图中，我看到了什么？
- 我的哪个角色表现得最差？我的哪个角色表现得最好呢？
- 我首先需要或者想要改变的是什么？

跟随你的直觉进行思考，并倾听你内在的声音，无论是积极的还是消极的。尽你最大的努力，在这个过程去验证和确认你的感受与想法，而不是为了自我否定和矫正。提升你作为旁观者或观察者的自我觉察——就像是一位董事会主席那样，客观而全面。利用这个机会，对你当前的生活现状进行一次中立的评估。

思考，在接下来的一年里，哪一个角色是需要你重点关注的。

为什么要聚焦？

当我们开始回顾自己的人生角色时，生活好像就没那么复杂了，也变得更有意义了。然而，一旦你完成了你的"最好的一年"计划书，你的生活将再次被忙碌填满。当日常生活的挑战再次出现时，为了确保你朝着自己想要改变的方向前进，选择一个聚焦的领域对你来说至关重要，它将指引你度过接下来的一年。

 通过提升你的专注力来精简你的生活。集中精力在一个主要目标上以实现你想要的改变。

想象一下你的人生角色平衡轮——在一年后，你希望它呈现出怎样的状态？当你将精力集中于一个角色上时，你将能够显著地提升你在这个角色中的个人表现。这种提升完全源于你新的自我觉察带来的深刻理解和洞察。

当你还是个孩子的时候，你是否做过放大镜实验？我们找来一片干树叶，然后让阳光通过放大镜照射到树叶上的一个点。没过几分钟，阳光聚焦在树叶上的那个点就着火了，树叶被点燃了。通过聚焦太阳的光和热，一些事情发生了，改变也随之而来。

你的个人专注力和觉察力以同样的方式发挥作用。当你决心要让某件事发生时，你要将自己的注意力集中于它。就像太阳的光和热能够点燃树叶一样，你也可以通过集中精力在你的生活中创造你想要发生的改变。

◉ 给自己一个机会，去赢得你为自己创造的游戏。当你专注于一个角色时，你的毅力和决心将达到新的高度，你的真实自我将会占据主导。

当你审视你的人生角色平衡轮时，你可能会问："我就不能有多个聚焦点吗？"如果你的人生角色平衡轮像我的一样，好像我们必须要有两个或更多的聚焦领域，才能实现我们想要的平衡。然而，我选择了"金妮的教练"作为我的聚焦角色，重点在于我的健康。毕竟，让我的状态更好，对我所有的角色都有着积极的影响。我意识到专注于这个角色将有助于我在"作家"这个新角色上取得成功。请注意，尽管"作家"这个角色在我的轮盘中得分最低，但我并没有选择它作为我聚焦的角色。所以，请你认真地考虑，选择对你影响最大的角色进行聚焦。

拥有两个或多个聚焦点本质上是矛盾的。这意味着没有焦点，结果自然也不会相同。有一位多年来持续参加我们工作坊活动的女性存在选择困难。"我要如何在妈妈和店主这两个角色之间做出选择呢？我不想放弃任何一个，这两者我都需要有所突破。如果选择一个放下另一个，这是不负责任的。"然而，到最后，她总是会发现她必须选择一个，否则，两者都会受到影响。她意识到，她可以毫无内疚且清晰地选择在当下最合适的聚焦角色，而由此产生的结果将会使她所有的角色都变得更好。

如果你发现自己想要同时聚焦于两个角色，请不要理会你内心的请求。你可能会有这样一种感觉，既然决定了要掌控自己的生活，就要全力以赴。然而，试图同时做太多事情可能会很艰难，甚至可能会让你彻底放弃。那么，你将面临比只有一个聚焦角色更大的问题，那就是一个焦点也没有。

如何做选择

为了帮助你选出你的重点聚焦角色，你可以问自己以下几个问题：

- 如果我能一劳永逸地解决一个问题，那会是什么？
- 我希望在哪个角色上取得突破？
- 如果我能在年终时在其中一个角色旁边画上一个大大的勾，表示我能很好地驾驭这个角色，那会是哪一个呢？
- 目前，阻碍我成功和幸福的最大障碍是什么？
- 我生活中的哪一方面最消耗我的精力，最影响我追求目标的动力？

你在思考这些问题时，通常会发现有某一方面是你的主要障碍，感觉就像是有什么东西挡在你的面前，让你无法呼吸、无处可逃。觉察到你所背负的最沉重的负累，它正束缚着你，让你无法充分地展现自己。

当我在设计我的"最好的一年"并思考这些问题时，聚焦于"金妮的教练"这一角色，照顾好我的健康，这似乎是显而易见的选择。我开始憧憬在繁忙的生活中摆脱痛苦和疲惫，轻

盈而充满活力地前行。我清楚地知道，将我的时间和能量投入
到哪个角色，将会给我带来最大的回报。

　　或许，正如我所做的，你可以通过深入反思生活中的各
个重要领域，而不仅仅是你所扮演的角色，从而确定你的主
要聚焦点。这些领域可能包括金钱、事业、孩子、健康、健
身、长期规划、爱情生活和婚姻等，它们都是你生活中角色
的"子集"。同样，你可以问问自己："我希望在哪个领域取
得突破？"

重点聚焦角色

　　如果你确实决定了在接下来的一年要特别关注生活中的某
个领域或某个具体挑战，那么哪个角色能够赋予你实现这一目
标的力量？选择一个角色作为你的重点聚焦对象——这个角色
将成为你获得期望的结果的关键。这个角色就是你接下来一年
的核心焦点。

　　除了更好地照顾到我的健康，作为"金妮的教练"，我的
总体表现都得到了提升。我发现我能够更多地听从自己的建
议，并且开始打破"总是把自己放在所有事情之后"的习惯。
有一个重点聚焦的角色，会提醒你在寻求突破的同时，始终以
你的角色和价值为中心。

　　一旦你选择了重点聚焦的角色，请将它写下来，然后花一
点时间畅想你希望借由这个角色创造的成功。你希望看到哪
些具体的、可衡量的改变发生？你对于这个角色成功的标准是
什么？你希望通过实现这些改变，给你带来什么样的体验和

感受?

在脑海中描绘你理想的场景。什么会发生变化?什么会有所改进?什么让你的脸上绽放出大大的笑容?想象一下你希望其他人注意到什么,他们会说什么。因为你对这个角色的精通,你希望他人体验到什么、收获什么?创建一个清晰的心理画面,确切地描绘出你想要的一切。

在确定你将要重点聚焦的角色并准备采取行动之前,请勇敢地说出你想要的——并警惕你的限制性范式。如果它们模糊了你的视野,请回想你的新的赋能范式。将你的赋能范式写在一张纸上,并在下方写下你重点聚焦的角色。设想一下,在新的赋能范式的启发下,你聚集的角色将会迎来怎样的质的飞跃。

 记住,你的注意力在哪里,你的成就就在哪里——将你的精力和注意力集中在这个角色上,你就能获得你想要的结果。

聚焦带来回报

现在,你已经在你的花园中选出了一片区域,它将在这一年里得到特别的关注。你的整个花园也将因此变得更加健康。通过专注于一个关键领域,整个花园的品质都将得到提升。

我最早的客户之一开启了自己的事业,并且这是他在职业生涯中第一次坐在驾驶位上。他的投资者们强烈地推动他去争取主要客户,以便为业务打下坚实的基础。但他一生中从未销

133

售过任何东西，而在创业初期，他负担不起雇佣销售人员的费用。因此，那一年，他的重点聚焦角色是销售员——而他讨厌这个角色！

他讲述了每天要强迫自己打 15 个电话的故事。每一次，他都要强迫自己拿起听筒，他从未感到过如此不适。但他做到了，而他的聚焦也带来了回报。到了年底，他赢得了几个重要的客户，总体销售额也增长了十倍。

另一位年长的客户同样专注于"销售员"这一角色，因为他渴望实现自己的梦想，跻身所在大型保险公司的顶级销售人员前 20 强。每一年他都努力地尝试了，但从未实现目标。他开始为自己创建成功的范式，并想象自己的名字在销售榜单上持续上升——甚至是看到自己的名字被列入前 20 强的行列。

因此，他立刻展开有效的行动。他意识到，阻碍他的并不是他不知道该怎么做，而是缺乏行动。每一次成功都会带来更多的成功，当年底公布结果时，他的名字如愿以偿地出现在了顶级销售人员的名单上。

另一位客户的关注点更为抽象。他的聚焦角色是"个人成长者"，他的具体目标是彻底打破那些限制性的个人信念体系！ 他怀着坚定的决心追求这个目标，并成功地摒弃了那些陈旧的内心对话。由于他坚持不懈的努力，他不再拖延，开始在公司中扮演更强有力的领导角色，专注于自己的优点和成就，而不是过分在意他人的看法。

请记住：你的重点聚焦角色并不意味着它是你在这一年里唯一要关注的事情，这个角色代表着对你来说最重要的事情。

问题八：对于每一个角色，
我的目标分别是什么？

使人高尚的并非其行为，而是其志向。

——罗伯特·布朗宁

目标的力量

有目标的人在生活中会取得更多的成就。

无论你如何定义成功，那些有着明确目标的人往往会取得更大的成就。知道自己目的地的人更有可能到达他想去的地方，这是常识。如果你不知道自己想要去往的目的地，你就有可能在原地打转，虽然活着，但并没有实现真正的成长和进步。

在我的经验中，"目标"是区分高效能人士的最显著特征，它的重要性远超一个人的教育程度或智力水平。即使是那些渴望在山顶冥想的人，他们也有一个明确的目标。

目标是设定在一定时间范围内，你希望获得的具体且可量化的成果。它指引你朝着一个特定的目的地、成果、收入目标、职业路径或人际关系前进——这些是你目前尚未拥有或体验过的。

一项针对美国商学院毕业生（这些人至少已经毕业十年

了）的研究表明了目标的力量。83% 的人没有明确的目标，14% 的人心中有模糊的目标概念但没有书面记录，仅有 3% 的人拥有清晰表述并书面记录的目标。十年后，当比较他们的成就水平时，那些有目标意识的人的收入是没有目标的人的三倍，而那些有书面记录的目标的人的收入是没有目标的人的十倍！

　　然而，仅仅有目标是远远不够的。虽然设定和实现目标可能为生活的某个方面（比如金钱收入或职位提升）带来成功，但这并不足以让人充分感到满足。还记得 20 世纪 80 年代那些曾经辉煌一时但后来没落的大人物吗？有多少人在临终时希望自己花更多的时间待在办公室里？

　　　　当人们的目标与他们的价值相一致时，他们就会获得更多的满足感和成就感。当我们实现了一个由我们的价值所驱动的目标，也就是我们所信仰的、对我们真正重要的事情时，我们的生活会因此变得更加昂扬向上，我们的内心充满成就感。

　　当我们的目标是由内在的价值驱动时，我们的行为和表现就会反映出我们真实的自我。这样的一致性将帮助我们获得梦寐以求的成功和满足感。我们越是持续遵循这一循环（见图 2-12），我们对价值就会越加坚定，同时我们也会更深地致力于一种既能促进自我提升又能增强自我认同的生活方式。

　　遵循由你的个人价值驱动的目标生活，能让你对生命持有更积极的态度和感受。你将专注于追求你所渴望的，而不是仅仅避免你不想要的，这为你的生活提供了明确的方向和焦点。

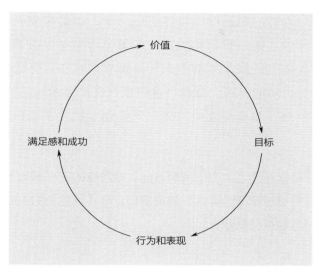

图 2-12 价值驱动的循环

这样的转变让你能够从抱怨者变成行动者，获得新的动力，真正地朝着梦想迈进。随着这种心态的转变，你会感到一种振奋和激励。当我在咨询中问客户"你清楚你不想要的是什么，但现在你能告诉我你真正想要的是什么吗"时，我常常看到他们的眼神恢复了光彩，找到了前进的方向。

设定并明确写下你的目标，是你对自己承诺将以忠于自我的方式生活的具体体现。这些目标是你采取必要行动的指南，确保你的行为与你的个人价值保持一致。它们能够激发你的天赋和才干，帮助你获得成就。重要的是，目标的意义不仅在于达成它们本身，更在于它们如何帮助你挖掘并发挥你更大的潜能。

以终为始的原则能够让你的行动和心态都聚焦于你的目标。当你的才能、智慧和洞察力都集中指向一个明确的目标时，这种能量的聚焦能够带来你所追求的成功，其效果远非分散的努力所能比拟。就像当你清楚自己的目的地是伯明翰、伯恩茅斯还是博洛尼亚时，你已经坚定地踏上了通往那里的旅程。

 目标在生活中为你指明方向，激发你的责任感和主动性。目标设定得越具体、越可量化，你实现它们的决心和责任感也就越强烈。

强有力的目标

当你从单纯的渴望和抱怨转变为设定有力量、基于个人价值的目标时，你的生活将变得更加积极和高效。没有明确方向的人常常会被挫败感、恐惧、焦虑、压力、愤怒和抑郁等负面情绪困扰，因为他们缺少具体的目标和希望。设定目标让我们从依赖偶然性的梦想，转向追求我们真正期望的成果和人际关系。抱持着"等等看事情会如何发展"的态度，是对你自己的潜力和力量的极大浪费。

强有力的目标是清晰的、具体的。它们用简洁明了的语言来描述，为你勾勒出一幅你渴望达成的成功景象。当你审视这些目标时，你能立刻明白自己追求的是什么。目标越具体，你行动起来就越迅速，也越能高效地找到达成这些目标所需的资源。

抽象目标：花更多时间跟孩子们在一起。

具体目标：每周三次，每次至少给孩子们读半小时的绘本。

抽象目标：提升我的工作表现。

具体目标：了解清楚要获得晋升和 5% 加薪我需要做的具体的事情，并开始行动。

抽象目标：减轻我的压力，增加内在的平和。

具体目标：每天早上至少做 15 分钟冥想。

强有力的目标是可衡量的。有多少？有多大？频率有多高？你为每个目标设定了量化指标，以便在一年结束时能够清晰地判断自己是成功还是失败，或者你有多接近成功。如果你期望获得加薪，那么你期望薪资提升多少呢？许多富有的人至今仍然像他们年轻时一样努力工作，因此付出了沉重的代价。他们从未停下来去收获成功的果实。他们不知晓如何使工作强度降低，因为他们的"致富"目标似乎永远没有实现的那一天。他们从未真正回答过自己，"究竟财富达到多少才算足够"。我见过许多这样的案例。

强有力的目标需要有明确的时间节点。你为未来一年的生活制定目标，意味着你的承诺是有时间期限的。限定达成目标的时间期限有助于聚焦。没有截止日期的目标，就如同一场没有确定结束时间的足球比赛，缺乏实际意义。

一旦你设定了年度目标，你可能还想为一年中的重要里程碑设定截止日期。例如：

年度目标：每周进行四次有氧运动并减重 14 磅（1 磅 = 0.45 千克）。

三个月目标：每周慢跑三次，减重 4 磅。

年度目标：完成我的第一本书的手稿，并找到一位代理人和出版商。

三个月目标：撰写书籍的章节大纲，并联系三位潜在的代理人。

对达成目标的承诺设定一个明确的期限，这将带来动力和确定性。你已经在前进的路上——这是克服拖延的灵丹妙药。而且，你越早开始，就越有时间来实现目标，从而大大增加了成功的可能性。

强有力的目标以积极、有力的动词开头。它们标志着目标的开始：一个简单而完整的句子，清晰地陈述了你想要的结果。动词明确地传递了你需要做什么，唤醒了你的行动力，并准确地描述了你想要做的事情。例如：

- 给予
- 获得
- 赚取
- 选择
- 加入
- 投资
- 实践
- 达成

- 写作
- 学习
- 花时间
- 去做
- 完成
- 确保
- 安排
- 制作
- 计划
- 会见

以这样的词汇作为开头来设置你的目标，将会为你指明方向，并在你写下它们的那一刻激发动力。

最后，了解结果目标和过程目标之间的区别——通过下面的例子我们可以很好地进行区分。

结果目标：实现 150000 英镑的销售额。

过程目标：每周打 20 个新的销售电话。

结果目标：减重 20 镑。

过程目标：每天摄入 1200 卡路里，其中来自脂肪的卡路里不超过总热量的 20%。

结果目标：增进我与儿子的沟通和联系。

过程目标：每周给儿子写信。

请花时间思考，哪种类型的目标更能激发你的行动以帮你获得你想要的结果。比如，多年来我一直有一个"减肥"的目标——这是一个结果目标。但当我把它调整为导向结果的过程目标之后，我成功地实现了目标。过程目标清晰地界定了能够引领我们达成最终目标所需的具体行动。除此之外，我们追求的是在实现目标的旅程中体验快乐和成长。过程目标不仅为我们提供了持续前进的动力，而且在这一过程中为我们带来了即时的回报。（别忘了，每完成一个过程目标，你都要停下来庆祝自己获得的成就，并向自己表示真诚的祝贺！）

不过，某些目标用结果目标的方式来表述会更加有力。对我而言，特别是在商业、财务或筹款方面，设定这类目标往往需要更大的勇气。但是，一旦我学会了如何做出这种承诺并付诸实践，我就能面对越来越大的挑战，并取得成功。这种冒险的方式促使我深入自我探索，激发出实现目标所需的能力——我相信，这种方法比起不设定如此强有力的目标，更能彻底激发出我的潜力。

强有力目标的设定原则

目标必须：

- 具体
- 可衡量
- 有时间限定
- 以动词开头
- 要恰当：设定结果目标或过程目标

 强有力的目标为你和你的意识提供了简洁、清晰的指引。现在，你知道了靶心所在，你就有了绝佳的击中它的机会。

设定目标

是时候写下你的"最好的一年"的目标了。

当你切换到生命追求Ⅱ型时,你将会自发地依据你的个人价值来设定目标。这个行动本身将会带领你迈向更加完整而充实的生活。你设置的目标不只是为了满足你的基本需求,更重要的是,它们将引导你活出真实的自我,让你的内心感到真正的满足和幸福。

当你明确了自己的人生目标和个人愿景或使命后,某些目标就会自然显现,它们将成为你实现长远目标过程中的年度关键节点。当你在设置年度目标时,请充分考虑你的人生规划和愿景,让年度目标成为你宏伟蓝图的一部分。

多年来,蒂姆和我一直专注于我们的"最好的一年计划",目标是能够享受一个悠长的假期。这个计划帮助我们明确了许多短期目标,使我们在做出决策时更加有方向,以便更好地实现我们的梦想。自从我们制订了这个计划,我们就开始调整消费习惯,减少在外出就餐、度假和服饰上的开销,同时增加按揭付款。每年,我们都会设定储蓄目标,努力减少按揭和其他债务,并且积极学习我们计划中想要探访的地方,以及我们希望在那一年体验的冒险活动。

图2-13展示了如何基于长远的人生规划设定目标。

图2-13　基于长远的人生规划设定目标

根据你目前对长期目标的了解程度来制订你的计划。这个练习可能会激发你将"最好的一年"的方法应用到你的人生规划中。

在设定目标时，请深入思考与你生活中的各个角色相关的领域。例如，作为"自我管理者"或"个人教练"，你可能需要关注健康、健身、教育、技能培养和休闲娱乐等领域。记得留出空间，记录与每个角色相关的特定领域和方面。

某位男士在制定目标时，将孩子、学费和礼物等方面纳入了他作为"父亲"角色的考虑范围。观察他如何细致思考这个角色的多个方面，以及这种深思是如何协助他明确并设定作为"父亲"角色的目标。

要设定你的目标，首先选择你的一个角色，并写下生活中与之相关的所有方面。接着，根据设定强有力目标的原则，草拟你为来年设定的目标。跟随你的直觉，倾听你内心的声音。对大多数人而言，一旦开始为接下来的一年设定具体目标和计划，便能迅速集中注意力，这个部分对人们来说相对更容易。

对我们大多数人来说，这激发了一种精神上的振奋——终于迎来了一丝清明！你已经顺利地完成了"最好的一年"计划的前面七个步骤，重新整理了思绪并为自己创造了更多的空间。你的热情被重新点燃，现在，正是在你精心准备好的肥沃土地上播下种子，开始培育你的花园的时机。

请记得为你的重点聚焦角色设定一个明确的目标。在第三部分，你将找到类似表 2-1 的更多表格，用于帮助你为每个角色制定目标。

表 2-1　重点聚焦角色的目标（示例和空白表）

角色：父亲

相关领域：　乔　、茉莉亚　、礼物　、马克　、学费　　　　　　　　　　

目标：
- 每月为每个孩子安排一次特别的周末活动。
- 确保茉莉亚掌握她的数学课程。
- 12 月初给每个孩子挑选一份特别的礼物。
- 跟孩子沟通时，更多地表达赞扬和感恩，而非纠正。

角色：＿＿＿＿＿＿＿＿

相关领域：＿＿＿＿＿＿＿＿＿＿＿＿＿＿＿＿

目标：

最终确认

在确定你的"最好的一年"目标之前，还有最后一步——进行最后的审视，从而确保你在最大程度上能实现这些目标。

这一步的目的是确保你对每一个目标都持有坚定的承诺，并且每个目标都具备成功的可能性。

审视你的目标清单，仔细思考每一个目标，并询问自己诸如以下的问题：

- 我是否确定会实现这些目标？
- 我是否仅仅只是因为它列在目标清单上，所以才想要实现它呢？
- 我真的打算去做这件事吗？
- 这个目标是否具体且可衡量？它是否是以动词开头的呢？
- 这是一个结果目标还是过程目标？我是否做出了正确的选择？

确保你的目标：

- 与你的价值契合。
- 不是你认为"应该"去做的任务性的目标。
- 是你强烈渴望实现的目标，并且愿意为之全力以赴。
- 是你愿意为之承担责任的目标。

将你的个人价值与目标相匹配

首先，确保你的目标与你的价值相符。在你审视目标时，将你的个人价值清单放在旁边。注意那些可能会让你偏离个人价值的目标。例如，"赚更多钱"的目标可能会导致你工作更长时间，从而危及你与孩子们共度更多时光的目标。这值得吗？这真的是必需的吗？

首先，你要确保你的目标与你的个人价值保持一致。在审视你的目标时，不妨将你的个人价值清单放在手边，以此来对照检查。留意那些可能会使你偏离自己价值的目标。例如，赚钱的目标可能会让你工作更长时间，从而危及你与孩子们共度时光的目标。这值得吗？是否真的有必要为了赚更多钱而加班加点？对于那些可能让你在追求过程中迷失方向的目标，务必保持警觉。

不要忘记那些要实现与你的价值不一致的目标时所需付出的代价。你能承受在一年中浪费精力和智慧去追求一个违背你个人价值的目标吗？如果你对此感到犹豫，也许这个目标只是为了证明你自己，属于以自我证明为驱动的生命追求 I 型。如果是这样，那就放弃它吧！

避免"应该"式目标

许多老师都提醒过我，不要对自己说"我应该……"。

你的目标中有没有那些你觉得"应该"去做，但实际上并不想做的事情？首先问问自己，这些目标是否与你的价值相符。如果相符，并且你意识到这确实是你真心愿意去做的事情，那么将你对目标的态度从"应该"转变为"想要"或"将要"。如果你无法做到这一点，就将它从你的清单上划掉。

有时候，我们的"应该"只是一些过时的目标。放手吧。我们常常几十年来一直怀揣着某些目标，却从未有意识地停止过对它们的渴望。当你 7 岁时，你可能想要一辆漂亮的自行车，但你从未得到它。现在你已经长大，是时候放下生活中那些"自行车"了。

例如，你有没有一个梦想中的体重或体型，那是自从你17 岁以后就再也没有达到过的或拥有的？放手吧。达到一个健康的体重和拥有一个好的体型，抛弃那些不切实际的幻想。多年来，我一直想要减到 55 公斤。我吃的每一口食物、每一次购物都是基于"没有达到 55 公斤"的心态！当我最终放弃那个不真实的目标时，感到了前所未有的轻松！

你生活中的"自行车"是什么？给自己一个放松的机会，将它们从你的清单上删除。

连接你真实的渴望

这个问题曾对我来说很令人困惑，直到我能够区分小愿望和大愿望。

小愿望实际上往往是"不想要"的东西。懒惰的我永远不想从被窝里爬出来。我想待在床上！我的意思是，谁真的想早上从床上一跃而起呢？当然，我想要继续吸烟，而不是把烟戒掉。我就想过轻松的生活。因为顺从这样的愿望太简单了——确实，我更愿意看电视而不是写信或者给妈妈打电话。相比于大冷天外出锻炼，我更愿意赖在床上多享受半小时的睡眠。

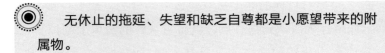

无休止的拖延、失望和缺乏自尊都是小愿望带来的附属物。

然而，这些小愿望并不是我真正渴望的。大愿望之所以重要，是因为它们与我的个人价值紧密相连，并且加强了我对生命追求Ⅱ型的承诺。对我来说，实现这些目标是值得我去努力的。没有这样的目标，我很难实现个人成长，或者做出我期望能够做出的贡献。

相较于小愿望，大愿望具有更高的内在一致性，并为你创造了一个能够展现真实自我的空间。

责任

如果你不准备采取一切必要措施来实现目标，那么你可能也不会对达成这个目标承担责任。对于每个目标，你都必须有强烈的动机全力以赴——否则，就放弃它。

为了实现这些目标，你需要全年都保持专注。你的清单上可能有很多目标，但请剔除那些你无意负责到底的目标。

问题九：接下来一年，
我最重要的十个目标是什么?

> 人们常常抱怨环境造就了他们的现状。然而，真正在世上取得成就的人，是那些主动寻找并创造自己所期望的环境的人。
>
> ——乔治·萧伯纳

为什么将重要的目标限定在十个?

当我们开始为即将到来的一年设定目标时，我和蒂姆各自在一叠 3 英寸 ×5 英寸（1 英寸 =0.0254 米）的卡片上写下了 100 多个目标。每张卡片对应一个角色，而且大多数卡片的正反两面都写满了目标——有些角色的目标甚至多到需要用订书钉将几张卡片连在一起。我们没能筛选出对我们来说最重要的那些目标。结果，这些目标都平等地列在清单上，每个目标获得的重视、关注度和注意力都是一样的。这些目标实在太多了。

因为我们各自投入时间明确了自己的角色，并为这些角色设定了目标，所以在某种程度上，我们做得还算不错。然而，我们这样做却无意中剥夺了自己在创造一个能够取得胜利的游戏中获得成就感的机会。这种做法不仅降低了我们的总体效率，还让我们更容易地让注意力从年度计划上转移。年初时，我就放弃了很多目标，因为我发现自己根本没有足够的时间去完成它们。我给自己设定了一个几乎不可能完成的任务，而当我无法完成时，内心感到了愧疚。这么做是一个错误，但同时也是一个宝贵的教训。

我并不是说你必须放弃这十个目标之外的所有目标，但我强烈建议你从中挑选出最重要的十个目标。你完全可以继续在其他目标上努力并实现它们。然而，通过精选最重要的十个目标，你可以集中精力，聚焦你的能量，从而提升对每个目标的智力投入和觉察力。列出你在接下来一年的十大目标，就像是为你的旅程绘制了一张地图。你会发现，你将更容易吸引到实现目标所需的支持和资源。

当我审视自己精心挑选的十大目标时，一种"我能行"的自信油然而生。我满怀期待地想要立刻开始，并且对自己能够坚持计划并实现这些目标充满坚定信念。成功似乎就在眼前，一切皆有可能。

◎　深思熟虑以挑选出最重要的目标，这个过程会推动你做出选择，确保你的生活达到平衡，并让你感受到忠实于内心的真实体验——这种体验让你确信，在接下来的一年里，你将取得真正的进步。

如何做选择

首先，回顾你对前七个问题的回答。回想你对自己的认识，以及对你来说最重要的事物。思考你吸取到的经验教训和你为接下来一年制定的行动指南。提醒自己你的新范式和你的个人价值。

当你开始进行选择时,回到你的"人生角色平衡轮",重温引导你确定重点聚焦角色的思考过程。在接下来的一年里,什么将会给你带来最大的改变?当你回答这些问题并进行自我审视时,请思考如何对你的目标进行排序,挑选出那些对你最为重要的目标。

接下来一年,我最重要的十个目标
1. _____
2. _____
3. _____
4. _____
5. _____
6. _____
7. _____
8. _____
9. _____
10. _____

在设计"最好的一年"的过程中,你勾画了怎样的愿景?认真思考你内心深处对自己以及对你最重要的人的期望是什么。考虑实现这些重要目标能为你带来的益处——不仅对你个人,也对他们。哪些目标的实现,将对你和你认为重要的人的

生活产生深远的影响？

当你完成了初步的思考后，再次审视你为每个角色设定的目标清单。首先，用高亮颜色标记或圈出那些对于你的十大目标清单来说是"必须有"的——那些显而易见的目标。接着，计算你已经标记出的目标数量，并确定你还需要挑选多少个目标来完成你的十大目标清单。

当你确定了初步的十大目标后，将它们记录下来，这样你就可以一次性审视它们。想象一下，一年后你实现了这些目标，那时你会有什么样的感受？你会不会对自己的成就感到兴奋？这些目标是否激发了你持续前进的动力？确保你对这些目标的最终成果充满热情。不要降低你的筛选标准。这些目标对你来说，目前是否足以覆盖你想要实现的一切？如果不是，找出缺少的部分并加以完善。

然后，评估这些目标的现实性。你真的能够实现它们吗？检查你的目标列表，找出可能相互矛盾的目标，并思考是否可能在不损害你的价值或健康的情况下实现它们。深入挖掘任何潜在的疑虑和担忧，并积极解决它们。你如何克服这些阻碍？你可以通过调整策略来实现目标，或者用最初未被选中的目标来替代一些当前的目标。

请检查你的目标清单，确保每个角色至少有一个目标被涵盖，如此可以帮助你获得一个更均衡的生活状态。当你预想自己在未来一年中的行动和进展时，确保你对工作与休息的平衡感到满意。我建议你的清单上至少应包含一个出于纯粹的娱乐或乐趣的目标——一个你非常期待实现或体验的目标。毕竟，这是你的人生，不是吗？

最后，确保你的十大目标能够描绘出你最好的一年。设想一下，当你达成这些目标时，你是否度过了前所未有的精彩的一年？同时，别忘了，今年未能入选的目标还可以作为明年计划的一部分。即将到来的这一年只是你目前最好的一年——随着时间的流逝，未来的岁月会越来越好。我们的人生就是这样不断向着更好的方向发展。

开始设计你的"最好的一年"计划书

当你确信已经选出了正确的十个目标后，再花些时间审视每个目标的措辞和表述方式。继续对每个目标的表述进行润色，直至你对它们的表达感到完全满意。确保每个目标都以最准确、最生动的方式呈现，清晰地描绘出你期望获得的结果。

将你的目标逐一写在单独的纸张或卡片上，并摆放在你的面前。想象它们是你在智慧与意识的肥沃土壤中播下的种子。现在，你已经构建出一张"最好的一年"的计划书。为了使你的计划更加完善和有力，接下来还有一些步骤需要完成。

首先，当你逐一审视你的目标时，反复念诵你为这一年设定的新的赋能范式。留意每个目标是如何在新的自我认知和情感方式的驱动下变得更加有力的。

其次，对你的目标进行优先级排序。我个人最喜欢的优先级定义是：那些在时间和精力投入上能给我带来最大回报的事情。

哪个目标将位居你目标清单的首位？根据上述定义，哪个目标是你今年的最高优先事项？对大多数人来说，这往往是与他们的重点聚焦角色相关联的目标，这样每次查看目标清单时都能吸引他们的注意力。一旦确定了哪个目标最为重要，你就可以拿起那张写有该目标的卡片，将其翻转至背面，然后将其单独放置在一旁以作为你清单上的首要任务。

接下来，审视剩下的九个目标，并问自己："在这些剩余的目标中，哪一个能为我的时间和能量投入带来最大的回报？"

让你的直觉指引你选择第二个重要的目标。选定之后，将其翻转并放在第一个目标之上。按照这个流程继续进行，直到你完成了所有其他目标的排序，最终形成一个按优先级排列的十大目标清单。

最后一步是将你的"最好的一年计划"的四个核心部分提炼成一页纸的计划书：

1. 行动指南（问题三）
2. 赋能范式（问题四）
3. 重点聚焦角色（问题七）
4. 最重要的十个目标（问题九）

请为你的年度计划做一些特别的设计。你可以用打印机精心打印出来，或者选择在一张质感优良的纸上亲笔书写。发挥你的想象力，为你的"最好的一年"创造一份重要的蓝图——这是一份非常特别的文件。

最终，你拥有了一份一页纸的"最好的一年"计划书。到目前为止你付出的所有努力都是至关重要的——你已经明确了自己的意图，知道了自己想要什么。即使你只是简单地将这份设计书放入抽屉，然后直到年底才再次翻看，你也有很大的机会度过你迄今为止最好的一年。不要低估了你在回答前九个问题时所做思考的重要性。

下面展示了一个人的"最好的一年"计划书。虽然你可能未曾见过他，但从他的计划书中，你可以明显感受到他的价值以及对他而言重要的事情。

我的行动指南：

- 随时保持好心情。
- 要事优先。
- 确认自己想要什么。

我的赋能范式：

我是创造自己命运的主人。

我的重点聚焦角色：

总经理。

我的十大目标：

1. 每周践行黄金时间管理原则。
2. 每天冥想。
3. 达到年度利润目标。
4. 好好安排退休计划。
5. 支持另一半的新工作。
6. 每个月陪孩子度假一次。

7. 每周运动 5 天，减重 10 公斤。

8. 好好办一次家庭聚会。

9. 多和老朋友联络。

10. 确保每位员工每个月进行一次教练谈话。

审视你自己的计划书，试着想象它属于另一个人。这种换位思考有时会让我意识到，仅仅只是通过制订这份计划，你就已经获得了一些值得赞赏的成就。

> ◉　你的一页纸计划书就像是接下来一年的导航图，它不仅为你的思考和规划打下了坚实的基础，并提供了关于如何行动和表现的最佳建议（而这些建议来自你自己的智慧），从而帮助你将计划转变成现实。

这张计划书将指导你正确组织和管理自己的行动，从而实现你的目标。它全年辅助我做出明智的选择，并帮助我每周和每天进行有效的自我教练。

再次回味你自己的智慧之言：

- 你给到自己的建议和行动指南。
- 指引你认识自我的赋能范式。
- 你的重点聚焦角色和你渴望突破的方面。
- 你精挑细选的十个最重要的年度目标。

请花一点时间，对自己的努力表示欣赏和感激，并认可你为自己创造的清晰、明确的方向和目标感。现在，你已经成功地成了那些既明确了自己的目标，又制订了人生计划的特别群体的一员。然而，你需要更进一步。很多人虽然设定了目标，但往往没有为这些目标的成功实现创造合适的个人环境。通过回答"最好的一年"的十个问题，你已经为自己成功实现目标做好了充分准备。

问题十：我如何才能确保实现我的十大目标？

在我的生活以及其他人的生活中，问题不在于不知道应该做什么，而在于没有去执行。

——彼得·德鲁克

做你知道该做的事

这难道不是真理吗！管理大师彼得·德鲁克的这句话，概括了作为人类面临的最大挑战。当我花时间回顾自己的一些失败——无论是大的还是小的——我通常都能清楚地看到，如果我能采取不同的行动，本可以扭转命运。

"最好的一年"设计过程中的最后这个问题是为了提醒你，让你意识到自己需要做什么，而本章则专门提供一些提示和创意以帮助你做出实际的行动。

实现你的年度十大目标的一个简单有效的方法就是视觉化。确保你的"最好的一年"计划书始终在你的视线范围内。选择一个你每天都能看到的地方放置它。你可以考虑将它钉在办公桌旁的墙上，或者夹在你的日记里，放在你经常使用的橱柜内，或者放在你的文件夹中的显眼位置。你需要决定你会将目标公开到什么程度——无论你的决定是什么，都要找到一种方法，确保你能定期看到它们。

　　再次强调，觉察力至关重要。每天只需花十秒钟阅读你的
计划书，这是我能给出的最好的建议之一。让这一页纸有机会
吸引你的注意力，激发你思考和行动，并帮你重新聚焦于你这
一年的目标意图。

　　既然你已经为这一年制订了计划，接下来的模型对于自我
管理、获得成功至关重要。它简洁地提醒我们，要记住"最好
的一年"计划的基本原则。正如图 2-14 所示，三角形的三个
角指向了推动事情顺利进行的关键要素。我将这个模型称为
E-S-P，一个用于确保成功的计划模型——虽然执行起来并不
总是轻松的，但它提供了一个对基本原则的简单提醒。

图 2-14　E-S-P 模型

　　E：我们通常知道要实现我们最重要的目标和应对我们最
大的挑战应该做什么。当我们意识到外部因素——为了向目标
前进我们需要做什么——我们就在正确的道路上了。对每个目
标承担起全部的责任——确定必要的行动，并采取你认为需要
采取的步骤。只管去做。

S：借助教练、同事或朋友的帮助——任何形式的支持——帮助我们识别我们需要做什么（E），并支持我们转变到我们的赋能范式（P）。

P：我们看待问题的方式，即我们的范式，可能引导我们走向成功或失败。消除内在障碍对我们的成功至关重要。确保你对你的新范式的关注和你对目标的关注一样多。投入必要的时间来确保这一点。

E-S-P模型就像一个关于意识的三脚凳。只要确保每条腿都到位并发挥作用，你就会拥有一个简单且稳定的平台来执行你的计划。做你需要做的事情（E），将你的范式转变为能够赋予你力量的视角（P），并找到支持你的人（S）来帮助你完成前两个步骤。

行动（E）与范式（P）之间的平衡至关重要。我见过很多人，他们似乎采取了所有正确的行动，做着他们知道应该做的事情，但他们的梦想仍然难以实现。问题往往来自内心，他们受制于一种限制性的思维模式，在他们积极追求目标的过程中，这种模式始终阻碍着他们迈向成功。你是否遇见过这样的人：他们外表迷人、举止得体，看似会吸引众多追求者，但实际上却独自一人？这通常并非出于自愿选择，而是他们内心深处的限制性信念所致。

 我们渴望达成的目标与我们对自己成功的可能性的认知之间需要平衡。

仅仅拥有一个卓越的赋能范式并坐等奇迹发生也是不够的。有时候奇迹确实会发生，但采取行动以推进我们的积极范式聚焦的结果，才是成功的关键。在 20 世纪 70 年代，有许多课程和书籍宣扬"富足意识"。我见过太多人超前消费，仿佛他们已经拥有了自己实际上并没有的财富，并希望仅凭这种哲学就能带来他们渴望的财富。但大多数人只是让自己陷入更艰难的困境。

但是，当你将两者都付诸实践——外部行动与内在范式——世界便开始为你而动。为了确保你迎来迄今为止最好的一年，你不仅要改变你的行为，还要改变你的思考和感受方式。单独改变你的外部行为（E）或你的内在心理和情感环境（P）固然重要，但这还远远不够。真正持久的积极改进来自同时改变这两者。"最好的一年"的计划过程，就是为了确保你能够做到这一点。

我们在忙碌的生活中，要整合这一切并记起这些简单的道理确实有挑战。而解决这一难题的关键在于我们之前提到的三脚凳模型的第三条腿：关系支持。大多数人并不擅长自我教练，但如果我们能定期与朋友或同事交流，让他们关注我们的进展并了解我们的近况，我们的表现往往会更好。他们能协助我们对自己保持真诚。

尽管我们渴望进入新的领域，但面对未知的不适感，我们往往会回避那些我们应该采取的行动。向他人承诺你将朝着自己的目标采取行动或深思你的范式，可能会带来巨大的变化。多年前，当我第一次想要开始跑步时，我会日复一日地向自己承诺，要早起出门跑步——但我很少真正走出家门。最终让我做出改变的是，我决定每周抽出三天时间在早上六点半与一个朋友见面。

如果你正在思考要去哪里找到在这一年里支持你的人，可以考虑那些已经完成"最好的一年"计划过程的人。你们可以互相支持。或者有时候，也可以每个月夫妻俩一起坐下来，审视你们上个月目标的完成情况，并为接下来的一个月设定新目标。你也可以询问一位同事——无论是老板、下属还是同级，只要是愿意建立一种彼此致力于对方成功的伙伴关系的人都行。

 在你生活中寻找一位志同道合的人，并相互提供支持。成功的秘诀在于你愿意接受支持，去做那些你必须采取的行动。

当你感觉陷入困境时，运用 E-S-P 模型让自己重新启动。它既是一个提升自我觉察的工具，也是一个激发行动的催化剂。思考你正面临的特定问题或目标，然后通过回答下面的问题让自己展开行动：

E：下一步行动是什么？

S：谁能够提供给我所需的支持？

P：我对问题的看法是否有助于成功？

潜在的陷阱

在前行的路上，你难免会遇到失望，但意识到一些陷阱以及它们可能对你的热情造成的伤害，可以帮你避开其中的许多陷阱。一旦你了解了这些陷阱，你就可以预见它们的到来，并绕过它们，而不是陷入其中。

令人感到沮丧的影响之一，是那些我们自己施加的消极且削弱力量的信息。这种内在的心理对话，是人类共有的。当我听到人们谈论他们的恐惧和怀疑——那些他们自己内心的声音——我不禁觉得，我们似乎都接收到了相同的信号。这些声音对我来说也很熟悉。它们是我们从成长环境中获得的社会和情感熏陶的一部分。

诀窍在于当你发现自己仿佛把这些消极的信息当作真理时，要及时捕捉到这一点。切换到另一个频道——你的赋能范式。很难想象你能让自己内心的声音完全安静下来，但你能够控制你对这些声音的关注程度，尤其是，你能掌控注意力聚焦的方向。我多次学到的一个教训是：我们不必为涌入脑海的想法负责，只需对我们如何处理这些想法负责。

另一个强大的陷阱是来自他人的消极影响。我见过一些非常积极和热情的人，我原以为没有什么可以阻挡他们，然而别人的一句令人泄气或贬低的评论就能让他们的自信消失。尽管我们无法阻止那些似乎想要让我们感到自己微不足道和愚蠢的人，但我们可以选择不去理会他们，或者更好的做法是与他们保持距离。去寻找那些支持你、希望你成功的人。看那些能够提醒你是谁以及你能做什么的励志视频。阅读那些能够激发你去做自己真正想做的事情的书籍。尽你所能去锻炼你的心灵肌肉和你的自我觉察能力——你是谁。

最后，要警惕结果导向思维。这种思维方式大概是这样的：我不在乎为了达到目的，我要经历什么。我要不惜一切代价得到我想要的！这种做法不会让你迎来最好的一年。咬紧牙关逼迫自己成功，并不是"最好的一年"的游戏规则。

 选择登顶，不是为了顶峰的荣耀，而是为了攀登的过程。尽情享受这段旅程！

得到即是完结，快乐的精髓在于过程。

——莎士比亚

黄金时间管理

你或许已经无数次听到有人告诉你，你需要做的是时间管理。你可能会想，这是一条很好的建议，但事实上，这是不可能的。时间是无法被控制的。不管你做了什么，不管你的计划多么周密，时钟的指针依旧会周而复始地转动。然而，你真正能做的，是学会自我管理。

成功自我管理的秘诀之一，可以用一个简单而强大的系统来描述，我称之为"黄金时间管理"。这个系统引导我们通过识别我们每个角色中的关键活动——那些对我们自己和他人影响最大的活动——来实现自我管理。图 2-15 中的黄金时间管理模型展示了它的工作原理。

黄金时间是指投入到重要但不紧急的活动上的时间，即位于矩阵右上角的活动时间。之所以称之为黄金时间，是因为我们在这类活动上的投入所带来的收益远远超过我们在其他类型活动上的投入所带来的收益，能达到十倍以上。

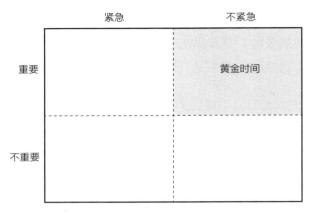

图 2-15　黄金时间管理模型

　　此外，由于事物自然发展的趋势是从非紧急变为紧急，通过专注于右上角的活动，我们将走向一个压力更小、更少需要应急处理的生活。这样，发展到危机阶段的事情就会变得越来越少。例如，你在 30 岁的时候，可能会觉得锻炼身体和保持健康很重要，但这件事并不是很紧急——它可以等。

　　并且，这个目标很容易就会被推迟。你正打算去做，但你现在太忙了。我们常常这样告诉自己："一旦我 ＿＿＿ 就会做。"（在空白处填上你推迟那些对你真正重要的事项的理由。）不论你的理由是什么，它总是排在你的健康之前。随着时间一年年过去，体检结果逐渐揭示出令人震惊的信息，这个需求可能变得更加迫切。但是，如果不意识到黄金时间的价值，生活就会在"一旦我 ＿＿＿ 就会做"的空洞承诺中慢慢消逝。

　　那些重要但不紧急的活动，是对你来说最重要的活动或项目。例如，你今年要达成的十大目标。尽管你真的想实现它们，并且知道一旦实现了，你会感到更快乐、更充实，但你的决心可能会被其他三个象限的事情消耗。在你能够为执行你最好的一年的计划投入时间之前，已经有太多的事情（重要且紧急）需要去做了。

 正如歌德曾经说的："最重要的事物绝不能受制于最不重要的事物。"

你在生活中承担的责任越多，就越需要在矩阵的右上角投入时间。举例来说，那些没有记住这一点的企业领导者往往会陷入持续的危机应对状态，从而无法在企业文化或业务表现上做出持久的积极改变。

他们明白，四处走动、深入了解员工并倾听他们的意见是极其重要的，但他们的日程已被会议排得满满当当。他们清楚，为了把握事物的要领，必须抽出时间来筹划未来，但目前他们正忙于准备下周行业大会的演讲稿。他们知道应该花时间与董事会的同事建立更牢固的关系，但一个突发的紧急状况需要他们立即处理。生活就这样一天天过去。

转变到这种新型自我管理的方式其实很简单：优先开展黄金时间区域内的活动！这样做会彻底改变一切。这种优先顺序自然地引导我们忠实于自己的内心和个人价值。这样的专注为我们创造了内外一致的生活方式。随着我多年来越来越精通这种方法，我变得越发清醒，对待生活有了更强的平衡感。我逐渐认识到，我唯一能够掌控的就是自己；当我实践黄金时间管理原则时，我就充分利用了这种力量。

将你的十大目标放在首位，将自己和你珍视的事物置于第一位。我向你保证，其他事情也会随之得到妥善处理。每当我向着十大目标中的任何一个迈进，或者在我生活的某一个角色中表现得更加出色时，我都会感受到一股自尊和能量的提升，这让我能够用更少的时间，更高效地处理那些紧急的任务。

我的经验表明，黄金时间管理的益处包括：

- 感到自我尊重，对自己更真实。
- 减轻焦虑和压力。
- 全面提升我所有人生角色的表现。
- 减少"最后一刻的恐慌"。
- 提升自我力量感。
- 自我实现。
- 不再自我牺牲，更多地从事对我真正重要的事情。

实践系统

建立一个专注于实现你十大目标的系统并不难，关键在于自律和聚焦于对你来说最重要的事情。这个系统基于简单的常识，很容易理解——如果你想要实现年度目标，只需在一年的时间里持续按小步骤行事，这样你就能到达目的地了。

设定月度目标。这些目标是你实现年度十大目标的月度里程碑。基于这些月度目标，你可以进一步规划每周黄金时间目标，这是一份为期一周的计划，确保你持续不断地向目标前进。

每月月末，花 30 分钟的时间坐下来，认真审视你的"最好的一年"计划书。审视你的十大目标，并为接下来的一个月规划关键行动，确保你持续朝着目标前进。根据设定强有力目标的指导原则，为自己设定一个有助于实现"最好的一年"计划的阶段性目标。当你达成这个目标时，你将在生活中看到明显的进展。

年度十大目标

1. 践行黄金时间管理原则。

2. 为印度之旅制定预算并开始储蓄。

3. 更好地照顾我的妈妈。

4. 制订年度销售目标。

5. 变得健康，体脂率降至 20% 或更低。

6. 列出一直想读的十本书，并开始阅读它们。

7. 每周至少有两个晚上去拜访朋友。

8. 开始写日记，并坚持写下去。

6 月目标

1. 践行黄金时间管理原则

2. 为印度之旅做好充分准备。

3. 每周给妈妈打电话。

4. 新业务做到 4000 英镑的业绩。

5. 办健身卡，每周健身 3 次。

6. 阅读查尔斯·汉迪的书《非理性的时代》(*The Age of Unreason*)。

7. 和山姆、安妮、乔约时间碰面。

8. 买一个日记本，每周写两次日记。

年度十大目标

9. 重新装饰客厅。

10. 开始一段亲密关系。

6 月目标

9. 找到我想要的燃气壁炉，并将其买下。

10. 给黛安打电话，邀请她共进晚餐并观看电影。

11. 每周至少有三个晚上不喝酒。

12. 给兄弟姐妹打电话。

我发现，将每月的目标数量控制在十个到十五个之间最为有效。这样的目标数量不仅让我能够在每个主要目标上取得进展，还能涵盖我当前生活中其他重要的目标。到了月末，我会回顾整个月的成果，并评估我实现了多少比例的目标。虽然很少能 100% 地达成，但这并不是关键。真正重要的是，我清楚地知道自己的进展以及下一步该做什么。

这个系统的核心在于每周的黄金时间规划。以周为单位的时间框架使我们能够高效地自我管理，专注于对我们最重要的事务，并保持自我真实。一旦你掌握了这个系统，每周仅需 15 分钟来完成规划。

每周一次——大多数人会选择在周五下午晚些时候、周日晚上或者周一早上——坐下来审视自己的月度目标，并规划下周为实现这些目标所需采取的关键步骤。有些周可能没有具体行动要做，那也无妨，但至少你能够清楚地知道你的目标进展状态，并能始终保持对目标的掌控。

同样重要的是，利用这段时间深入思考你在生活中扮演的不同角色。逐一想象每个角色，并问自己："本周在这个角色中，我最想实现的重要的事情是什么？我可以做些什么，能给这个角色带来最大的不同？"这个自省过程会帮助我们与个人价值和优先级保持一致。然后，根据你对这些问题的回答，为你的每一个角色确定一个具体的周目标。

也就是，你的每周黄金时间目标清单应该包括两个部分：一是你为每个角色设定的关键目标；二是为了实现月度目标所需采取的行动步骤。

⊚　　每周的黄金时间规划并不以你的日程安排或紧急任务为主导。你可以继续制定日常待办清单来处理这些事务。然而，最重要的是通过有效的自我管理来确保实现每周的黄金时间目标。

每周黄金时间规划步骤：

1. 回顾上周的黄金时间目标，认可你所取得的成绩。

2. 查看月度目标，并在必要时设定有助于完成每个目标的每周黄金时间目标。

3. 认真思考你的每一个角色，并询问自己以下问题：

- 这周，在这个角色中，我最想完成的最重要的事情是什么？

- 我可以做些什么，能给这个角色带来最大的不同？

4. 根据你的回答，为每个角色设定一个每周黄金时间
目标。

当我和一位客户讨论黄金时间管理系统时，他提出了这样
的疑问："作为总裁，我的工作量远远超过我在其他角色中的
工作量，仅仅设定一个目标似乎并不公平。比如，作为父亲，
我可能只有一件事情要做，但作为总裁，我却有 18 项待办任
务。我能否为总裁这一角色设定多个目标，而对于那些目前不
那么繁忙的角色，暂时不设定目标呢？"

你可能对这类困惑感同身受。但这种困惑源于任务导向的
思维，它是由待办事项的数量驱动的，是一种基于时间的管理
方式，而不是基于角色和个人价值的。黄金时间系统与时间无
关，它旨在确保你每周至少暂停一次来审视自己的生活和你所
扮演的角色。这个系统迫使你短暂地置身于每个角色之中，并
为每个角色挑选出一个重要的行动点。

每周的角色目标，有些可能只需要几分钟就能制订完成，
例如，给妈妈打电话；而另一些目标，如撰写第三章的初稿，
则可能需要花费几个小时才能制订完成。然而，时间并不是每
周黄金时间管理系统所强调的重点。黄金时间管理更关注的是
你生活的平衡——确保你的生活方式能够体现你的个人价值，
而不是仅仅为了应对那些紧急而短期的"必须做"的事情。我
逐渐认识到，如果我一直沉迷于这些短期追求，我可能永远不
会有时间去做那些我真正渴望去做的事情。对我来说，完成这
本书的写作是一次黄金时间管理的胜利。同样，回答"最好的

一年"的十个问题，对你来说也是一次黄金时间管理的胜利。

 　　一旦你设定了目标，就要把它们放在一个你不会忘记的地方，并能够管理自己以实现它们。

　　我的体会是，我们最大的阻碍其实是我们自己对黄金时间活动的回避。我们常常更倾向于去打电话或再泡一杯茶，而不是去做那些达成黄金时间目标所必需的工作。我发现唯一的解决办法就是：自律。自律是实现目标的关键——这需要我们抵御喝茶、打电话或休息的诱惑，持续不断地专注于目标。抵御那股试图把你从最重要的工作中拉走的无形力量；克服内心的干扰，坚持到底直到事情完成。尽管这对我来说从来不是一件容易的事，但它每次都能奏效！在深思熟虑地为一周设定了明确的目标之后，适当的自律能够带来显著且持久的成效。

　　听起来很有道理，不是吗？再次提醒，为了确保你能够去做你真正想做的事情，一个重中之重的关键是建立支持性的关系。当你每月与教练、朋友、同事或家人会面一次，回顾你的目标时，你会发现你不仅在实现月度目标上取得了更大的成功，而且获得了一种能够赋能你执行"最好的一年"计划的能量和意识。

第三部分

"最好的一年"
个人工作坊

Part Three

开始启动

在启动你的"最好的一年"个人工作坊之前，这里有一些提示，可以帮助你开启这个过程，并确保你尽可能地成功。

1. 决定你是否要独自完成"最好的一年"计划

你可能会想要独立完成这项重要的工作，这当然是可行的。

不过，很多人发现，与至少一个人预约时间共同进行"最好的一年"计划的制订与执行，会带来不同的体验。他们知道自己何时会进行——因为日历上已经标记了日期——这样他们就不太可能取消或推迟。而且，这个过程本身也非常有趣。

此外，当你与朋友或家人一起进行该计划的制订与执行时，你就自然而然地拥有了一个伙伴，可以在一年中的不同时间点定期会面，互相检查进度并提供支持。

2. 调整心态

我将这个过程视为给自己的一次叫停。我在生命的河流中度过了一年，现在是时候爬到岸边，休息一下，看看自己做得怎么样。

你可以在内心告诉自己，这将如何极大地改变你的生活。积极的心态有助于我们打破那些阻碍新思考和新行为方式的隐性障碍。

为了激励自己充分地利用这段时间，我会尽一切可能让它成为一个让人感到激励和愉悦的时刻。

3. 营造舒适的工作环境

为自己营造一个专属的舒适的工作环境。清理并整理你的书桌或餐桌，保证光线既充足又柔和。同时，别忘了为自己准备一杯喜欢的饮料。尽你所能为自己打造一个尽可能舒适和充满正能量的工作环境。使用答录机或将电话设置为免打扰模式，这样一旦你全神贯注地投入工作，就不必担心外界的干扰。

多年前，一个朋友向我推荐了一个秘诀：巴洛克音乐不仅能激发灵感，还有助于创造性思考。确实如此。每当我需要获取动力以继续开展工作时，我就会播放巴赫或维瓦尔第的音乐。这种音乐的效果非常神奇。当我开始聆听这些曲目时，我的思绪变得清晰，专注力也得到提升。我进入了心流状态，全身心地投入到工作中。我的热情和动力随之增长，我达到了一种不愿意停止也不想被打扰的境界。我忘记了当前的挫折和问题，完全沉浸在当下。

我们在"最好的一年"工作坊中也采用了这种风格的古典音乐——在一个音乐品位多样的房间里——效果出乎意料的好。巴赫的康塔塔、维瓦尔第的交响曲、亨德尔的清唱剧——如果你没有这类音乐的磁带或 CD，不妨借一张来听听，或者至少尝试收听一下古典音乐电台，观察它对你的专注力和思考能力有何影响。

4. 准备书写材料

在接下来的工作坊环节，我们特意留出了空白，让你可以写下对"最好的一年"十个问题的答案。你可以使用任何纸张来完成这个过程。此外，你完全可以将这作为一个开始写日记的理由。为了这个目的，不妨购买一个笔记本或空白本。找到你最喜欢的书写笔或铅笔，以及你的日记本，开始这个过程吧。（日记本将作为过去一年你生活中实际发生的事情的便捷提醒。）

最近，我在电脑上完成了我的"最好的一年"的计划制订。对于那些有电脑和打字技能的朋友们来说，这种方式不仅带来了独特的激励，还有一个额外的好处：你可以打印出你的答案副本，以及你的"最好的一年"一页纸设计书的最终版本。

5. 一些提示和提醒

如果只是静静地思考这些问题来完成"最好的一年"计划也是可行的，但将答案写下来会使整个过程更加高效。书写的过程能帮助你整理思绪，让这些问题发挥更大的作用。随着你以新的方式进行思考和反思，你的自我觉察和意识会得到提升，你的思想和感知将变得更加清晰，而那些重要的洞见也会在这个过程中自然形成。

在书写答案的过程中，我发现自己经常会出现这样的想法："哦，是啊，在此之前我从来没这么想过。"有了书面记录，你还可以回顾你的笔记，翻阅它们并不断补充新的内容，这是一个持续的思考和领悟过程。坐下来拿起笔书写是最艰难的一步，但我向你保证，一旦过了最初的 10~20 分钟，你就会找到感觉，开启你的旅程。相信我！

请为每个问题留出一页纸的空间，或者将这本书当作你的笔记本，在书里的空白处写下你的答案。如果你使用自己的笔记本，就在每一页页面的顶部写下问题。无论你采用什么方式，开始时请先向自己提出这个问题，然后倾听你内心的回应。写下任何浮现在你脑海中的内容。在书写答案的过程中，避免陷入反复编辑和自我评判的陷阱。让你的答案自由流动。你可以稍后再修改或补充它们，但现在，你只需要让自己随心所欲地表达。

在回答每个问题的过程中，你可能会有什么都答不出来的时候。这时，你可以转向下一个问题。你稍后可能会想到更多的答案，所以记得留出空间以便之后记录新的想法。

无论你是独自一人进行还是与他人一起，"最好的一年"计划是一项私人且个人化的练习，你可能会想要保持它的私密性。然而，在整个练习结束时，你将会得到由其中四个问题的答案构成的"最好的一年"计划书，计划书里包含了你接下来要实现的最重要的目标；你或许会愿意与他人分享这些目标，以便获得他们的支持和鼓励。

> ◎ 利用回答这些问题的过程去深入探索自己，尽可能真诚地回答每一个问题。最重要的是，要对自己说出真相。除了你，没有人需要看到你所写的内容，但重要的是你要去做。

目标与宗旨

工作坊的首要议程是澄清其"目标与宗旨"。多年来，我们一直以类似的方式在工作坊中对这一点进行充分的沟通。

工作坊的宗旨

让接下来一年成为你迄今为止最好的一年。

工作坊的目标

- 认可并感激过去一年所发生的事情。
- 学习和总结有用的经验教训。
- 创建一个积极的内在焦点以获得成果。
- 明确接下来一年要实现的十个最重要的目标。
- 完成一页纸的"最好的一年"计划书。

"最好的一年"个人工作坊的具体工作

记住本章开头的提示，回想过去的一年，写下你对问题一和问题二的回答。

1. 我实现了什么？

_____

_____

_____

_____

_____

_____

2. 我最大的失望是什么？

_____

_____

_____

_____

_____

_____

3. 我学到了什么？

当你回顾过去的一年时，思考你学到的东西。这些可以是你从生活的教训中实际学到的并付诸实践的事情，或者是根据所发生的事情你本可以吸取的经验。只需向自己提出问题，当答案浮现时，就将它们记录下来。不要放过任何一个想法——把它们一一记下。

为了铭记你所有的教训和可能吸取的经验，回顾你列出的成就与失望。在写下你的回答时，用清晰、直接的建议来表述它们。将你的答案写成明确的指导性意见。确保当你根据这些教训采取行动时，你的行动方向是明确的。重复这个过程，直到你感觉已经从过去一年的经历中提炼出了所有有价值的经验。

_____

_____

_____

_____

_____

_____

_____

在你总结的经验中，哪三条如果你在未来一年内践行，最有可能极大地改变你的生活？选择三条对你来说最重要的经验，并将其写在下方。这将是你接下来一年的个人行动指南。每条指南都以一个动词开始，并尽可能使其简短且易于记忆。如果你需要更多的启发和建议，请参考前文的相关论述。

未来一年的行动指南

1. _____
2. _____
3. _____
4. _____
5. _____
6. _____
7. _____
8. _____
9. _____
10. _____
11. _____
12. _____
13. _____

4. 我是如何限制自己的，以及如何停止自我设限的？

为了度过你最好的一年，请确保你的思考方式和目标设定能够激励你取得成功。当你将自己置于生活的中心，主动创造你的世界，而不是被环境所左右时，真正的转变就会发生。你可以运用你的智慧和力量，为自己创造一个新的现实。

个人转变最有力的工具是范式转变。范式是一种看待和思考自己的方式，也可以是看待他人、生活中的某个方面——任何事情的方式。我们的一些范式确实能够给予我们力量，例如，"我一直很擅长数学"。然而，有些则是限制性的范式，比如"我不是那种能赚很多钱的人"。

接下来的三个问题旨在帮助你识别那些限制了你的假设，这些假设导致了失败而非成功。请回答以下的问题：

我是如何限制自己的？

_____

_____

_____

_____

我在生活中的哪些方面没有获得我想要的成果？

_____

_____

_____

_____

我是如何向自己解释这些失败的？

_____

_____

_____

_____

你对上面最后一个问题的回答揭示了你的限制性范式。带着这些看法和观点，你取得了哪些成果？它们将你带向了何处？我们用自己的智慧和意识来滋养这些想法，然后得到的成果与这些想法相一致。生活就像是一个自证预言。

检查你所有的限制性范式，找出对你当前的生活影响最大的那一个。哪一个是你深信不疑的？选择这个范式，将其转变为一个新的、能够给你赋能的范式，从而让你度过最好的一年。

请写下一个能够彻底颠覆限制性认知的新的范式，并确保它满足以下赋能范式的标准：

- 个人的
- 现在进行时
- 积极的
- 强有力的表达
- 指向让人兴奋的新的可能性

这里有一些示例：

- 我有能力得到我想要的。
- 我拥有成功所需的才干。
- 此刻，我正在为自己创造一个美好的新未来。
- 我能够突破自己的局限。
- 我从未如此健康和充满活力。
- 无论我决心做什么，我都能做到。

> ### 新的赋能范式
> _____
> _____

5. 我的个人价值是什么?

生活中对你而言最重要的是什么? 那些具体目标背后隐藏的驱动力是什么? 你希望在个人生活中彰显哪些价值?

我们的个人价值是推动变革和实现我们最渴望的目标的强大动力。个人价值可以用一个或两个简单的词汇来概括, 这些词汇代表了我们生活中最核心的原则, 并描绘出我们是谁。诸如正直、诚实、有同情心、信守承诺、照顾自己、爱等, 这些都是个人价值的例子。

当你开始为接下来的一年做规划时, 请记下你的个人价值, 它们是你生活中最重要的基石。

_____
_____
_____
_____
_____

6. 在生活中, 我扮演了哪些角色?

审视你的生活时, 从你所扮演的角色出发, 这为你整合生活的多个方面, 并始终将你自己和你的个人价值置于中心, 提供了一种极其有效的方法。这些角色为你设定来年的目标和计划提供了一个结构框架；认真审视这些角色，是确保你在生活中成功创造平衡的最佳途径。

列出你目前扮演的所有角色的完整清单，如母亲、妻子、女儿、朋友、经理、家庭主妇等。参考前文有关问题六的内容，探索其他可能的角色。你还可以添加任何你希望在接下来一年扮演的新角色——无论是航海家、作家、诗人、演员还是学生。在接下来的一年里，你有没有梦想着要扮演的全新角色呢？

_____

_____

_____

_____

_____

精简你的角色列表，使其数量为八个——少于八个也是完全可以的。如果需要，你可以将几个角色合并为一个角色。整合的目的是为了确保你能够充分关注到每一个角色。

1. _____
2. _____
3. _____
4. _____
5. _____
6. _____

7. _____

8. _____

7. 接下来一年，我要重点聚焦哪一个角色？

思考你的个人价值，以及你希望这些价值如何指引你在每个角色中的行为方式。查看下面的"人生角色平衡轮"，并用它来评估你目前在每个角色中的表现。

_____

_____

_____

_____

_____

_____

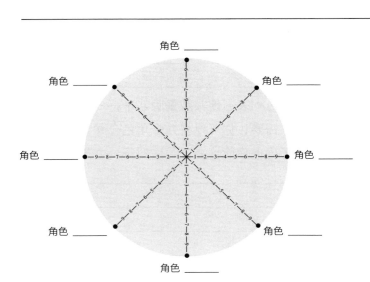

绘制你的"人生角色平衡轮"

1. 在每个辐条的"角色"一词旁边，填写你生活中的一个角色名称。

2. 请注意，每条刻度线被分成了 10 等份，以 1 到 10 的等级来评价你的表现，其中 10 分——线条末端的圆点——代表最高分。例如，如果你对自己的表现非常满意，就给自己打 10 分；如果你的满意度是 50%，就给自己打 5 分；如果你还没有开始这个角色，或者你的表现很糟糕，你可能会给自己打 1 分。

3. 在每条线上，根据你的评分，在相应的位置标记一个圆点。

4. 将这些圆点连接起来以评估你的整体表现水平，你将会得到一个视觉化的"平衡状态图"。

为了确定你在接下来一年的重点聚焦角色，请审视你的"人生角色平衡轮"的结果。然后，问自己以下几个问题：

- 如果我能一劳永逸地解决一个问题，那会是什么？
- 我希望在哪个角色上取得突破？
- 如果我能在年终时在其中一个角色旁边画上一个大大的勾，表示我能很好地驾驭这个角色，那会是哪一个呢？
- 目前，阻碍我成功和幸福的最大障碍是什么？

重点聚焦角色

_____

_____

---

8. 对于每一个角色，我的目标分别是什么？

在你开始考虑接下来一年的具体目标之前，请花一点时间确定你生活中的哪些方面与你的每个角色相关联。例如，作为家庭主妇的角色可能包括烹饪、家居装饰、支付账单等事项。

下面有八张表格，你的每个角色对应一张表格。请在每张表格上填写该角色的名称。并在指定的位置，填写与该角色相关的各个方面。

紧接着，为你的每个角色设定目标，同时记住，强有力的目标必须：

- 具体
- 可衡量
- 以动词开头

如果你想进一步了解如何设定强有力的目标，可以参考第二部分的相关内容。

一旦写下了你的目标，请逐个检查每一个目标以确保它与你的个人价值相符，并且是你愿意全力以赴去实现的目标。如果并非如此，就请将这个目标从清单上划掉！

角色：_____

相关领域：___ ___ ___ ___ ___ ___ ___
___ ___ ___ ___ ___ ___

目标：

_____

_____

_____

_____

_____

_____

_____

_____

角色：_____

相关领域：___ ___ ___ ___ ___ ___ ___
___ ___ ___ ___ ___ ___

目标：

_____

_____

_____

_____

_____

_____

_____

_____

角色：_____

相关领域：___ ___ ___ ___ ___ ___ ___
___ ___ ___ ___ ___ ___

目标：
_____
_____
_____
_____
_____
_____
_____
_____
_____

角色：_____

相关领域：___ ___ ___ ___ ___ ___ ___
___ ___ ___ ___ ___ ___

目标：
_____
_____
_____
_____
_____
_____
_____
_____
_____

角色：＿＿＿＿＿＿＿＿＿＿＿＿＿＿＿＿＿＿＿＿＿＿＿

相关领域：＿＿ ＿＿ ＿＿ ＿＿ ＿＿ ＿＿ ＿＿ ＿＿
＿＿ ＿＿ ＿＿ ＿＿ ＿＿ ＿＿ ＿＿

目标：

＿＿＿＿＿＿＿＿＿＿＿＿＿＿＿＿＿＿＿＿＿＿＿＿

＿＿＿＿＿＿＿＿＿＿＿＿＿＿＿＿＿＿＿＿＿＿＿＿

＿＿＿＿＿＿＿＿＿＿＿＿＿＿＿＿＿＿＿＿＿＿＿＿

＿＿＿＿＿＿＿＿＿＿＿＿＿＿＿＿＿＿＿＿＿＿＿＿

＿＿＿＿＿＿＿＿＿＿＿＿＿＿＿＿＿＿＿＿＿＿＿＿

＿＿＿＿＿＿＿＿＿＿＿＿＿＿＿＿＿＿＿＿＿＿＿＿

＿＿＿＿＿＿＿＿＿＿＿＿＿＿＿＿＿＿＿＿＿＿＿＿

＿＿＿＿＿＿＿＿＿＿＿＿＿＿＿＿＿＿＿＿＿＿＿＿

角色：＿＿＿＿＿＿＿＿＿＿＿＿＿＿＿＿＿＿＿＿＿＿＿

相关领域：＿＿ ＿＿ ＿＿ ＿＿ ＿＿ ＿＿ ＿＿ ＿＿
＿＿ ＿＿ ＿＿ ＿＿ ＿＿ ＿＿ ＿＿

目标：

＿＿＿＿＿＿＿＿＿＿＿＿＿＿＿＿＿＿＿＿＿＿＿＿

＿＿＿＿＿＿＿＿＿＿＿＿＿＿＿＿＿＿＿＿＿＿＿＿

＿＿＿＿＿＿＿＿＿＿＿＿＿＿＿＿＿＿＿＿＿＿＿＿

＿＿＿＿＿＿＿＿＿＿＿＿＿＿＿＿＿＿＿＿＿＿＿＿

＿＿＿＿＿＿＿＿＿＿＿＿＿＿＿＿＿＿＿＿＿＿＿＿

＿＿＿＿＿＿＿＿＿＿＿＿＿＿＿＿＿＿＿＿＿＿＿＿

＿＿＿＿＿＿＿＿＿＿＿＿＿＿＿＿＿＿＿＿＿＿＿＿

＿＿＿＿＿＿＿＿＿＿＿＿＿＿＿＿＿＿＿＿＿＿＿＿

角色: _____

相关领域: ___ ___ ___ ___ ___ ___ ___
___ ___ ___ ___ ___ ___ ___

目标:
_____
_____
_____
_____
_____
_____
_____

角色: _____

相关领域: ___ ___ ___ ___ ___ ___ ___
___ ___ ___ ___ ___ ___ ___

目标:
_____
_____
_____
_____
_____
_____
_____

9. 接下来一年，我最重要的十个目标是什么？

在选定你最重要的十个目标之前，请先回顾你对前七个问题的回答，提醒自己真正重要的是什么以及为什么重要。

然后，审视你为每个角色设定的全部目标，并从中挑选出对你而言最重要的十个目标，这些目标一旦实现，将会给你的生活带来巨大的改变。选择完毕后，请再次检查你的目标列表，确保你对角色和价值之间的平衡感到满意。有没有遗漏什么？有没有哪个方面得到的关注过多或过少？

最后，将你的目标列表按优先级排序。将重点聚焦角色的目标放在第一位，其余的按优先级递减的顺序进行排列。

十大目标

1. _____

2. _____

3. _____

4. _____

5. _____

6. _____

7. _____

8. _____

9. _____

10. _____

现在，请将你的"最好的一年"计划书写在下面的表格中。

"最好的一年"计划书

我的行动指南

1. _____
2. _____
3. _____

我的赋能范式

_____

_____

_____

我的重点聚焦角色

_____

_____

我的十大目标

1. _____
2. _____
3. _____
4. _____
5. _____
6. _____
7. _____
8. _____
9. _____
10. _____

10. 我如何才能确保实现我的十大目标?

你清楚地知道实现目标需要采取哪些行动。将你对这个问题的回答写下来——这将是你度过最好的一年的最佳建议来源。

_____

_____

_____

_____

_____

成功的秘诀在于构建一套系统以确保你能执行你必须完成的事项。要事优先,这是维持理智并实现成功的关键。

阅读第二部分中关于问题十的内容,掌握黄金时间管理系统的使用方法,从而帮助你在实现目标的过程中取得成功。

1. 将你的十大目标细化为月度目标。

2. 将月度目标进一步分解为周目标。

3. 把重点放在角色和个人价值上,超越具体的任务层面。

最后,通过与积极正面的朋友和同事建立联系,寻找能够提供支持的资源,为自己营造一个充满力量的环境——所有这些都能帮你与内心保持深度连接,并时刻提醒你什么是最重要的。

"最好的一年"计划书

你可能会发现阅读一些其他人的计划会深受启发，这样你就可以了解到他们是如何进行这一个性化的过程的。这些计划的制订者有着不同背景，年龄跨度从 24 岁到 49 岁。

约翰，30 岁，财务规划顾问，新婚：
行动指南：
- 如果我极度渴望，我就能实现！
- 事在人为，成事在我！
- 遵循每日规律性的计划，走向成功！

新的赋能范式：
我全力以赴，做到最好！

重点聚焦角色：
鼓舞士气的领导者

我的十大目标：
1. 永远保持积极。
2. 练习关注自己的思维方式，如多自问："我感觉怎么样？"
3. 看到每个人身上独一无二的特点。
4. 积极地开始和结束每一次对话。
5. 每周至少有两次亲密接触。
6. 每月力争在领导者公告板上名列前茅。

7. 在 1998 年 5 月 1 日之前成为区域副总裁。

8. 与家庭的所有成员共度假期。

9. 每天进行 20 分钟的有氧运动和力量训练。

10. 每晚睡前检查当日计划。

苏茜，25 岁，注册护士，新婚，约翰的妻子：

行动指南：

● 制定每月预算。

● 规划家庭假期。

● 每周对我们的家庭事务进行评估。

新的赋能范式：

我比任务清单更重要！

重点聚焦角色：

苏茜的教练

我的十大目标：

1. 每次我回到家时，都给约翰一个拥抱和亲吻。

2. 启动每周日早晨对我们的家庭事务进行评估的流程。

3. 至少有两次跟约翰一起回家探望我的父母。

4. 每月给辛迪至少打一次电话。

5. 每周进行至少三次有氧运动，每次至少 30 分钟。

6. 每周至少使用全能健身房一次，每次至少 30 分钟。

7. 每天至少有 15 分钟放松休息的时间。

8. 与约翰一起访问艾奥瓦州的达伦和莉亚，并至少住三个晚上。

9. 每月至少给达伦打一次电话。

10. 在 1998 年 7 月 1 日之前离开空军。

库珀，未婚，报纸分类广告销售经理：

行动指南：

* 遵守承诺。

* 坚持到底。

* 先为自己存钱。

新的赋能范式：

我热爱冒险，喜欢冒险家的身份！

重点聚焦角色：

冒险家

我的十大目标：

1. 攀登四座超过 14000 英尺（1 英尺 =0.3048 米）的山峰。

2. 在滑雪、露营等方面支持父母。

3. 减重至 215 磅（1 磅 =0.454 千克）并保持。

4. 露营 10 次。

5. 戒烟。

6. 购买一辆新的山地自行车，并每周至少使用 3 次。

7. 支持我的女朋友过健康生活并充分利用她的才能。

8. 每月至少写 3 封信，并回复收到的所有信件。

9. 开始个人投资计划，储蓄以购买土地。

10. 计划并进行一次为期 3~5 天的漂流之旅。

汉娜，一位 53 岁的母亲、祖母兼针灸师：

行动指南：

- 放手。
- 信任。
- 不断敞开心扉。

新的赋能范式：

我的卓越自然彰显。

重点聚焦：

针灸师

我的十大目标：

1. 确立自己作为草药医师的身份，并在诊所工作。

2. 为搬家做好财务准备。

3. 进行一次心灵静修。

4. 花时间陪伴我的母亲。

5. 吸引到一位适合我并能为我赋能的、富有爱心的伴侣。

6. 保持强壮和健康，并将体重维持在 125~130 磅（1 磅 = 0.454 千克）。

7. 加深我对精神修行的承诺。

8. 让今年对我来说充满魔力。

9. 丰富我对草药和医学的知识。

10. 彻底戒烟。

本书的缔造者们

如果不是那些多年来参与这一过程并分享了他们的思想、创意和体验的成千上万的人们，"最好的一年"工作坊可能早已成为昙花一现的奇迹。他们是本书以及现有丰富资源的源头。以下是他们中的一些人的故事。为了保护隐私，下面均采用化名形式介绍。

保罗，一位43岁的总经理，曾在大型跨国公司积累了丰富的工作经验，目前是他第四年采用这种方式来规划自己的生活。他特别感激持续为黄金时间腾出空间的方法，并坦言："我在这方面进步很大，但仍然感到不容易。"他提到，迄今为止的大部分成功都归功于新获得的一种能力：当他实际上没有安排任何约会，只为最重要的活动预留时间时，他能够告诉别人自己正忙。

保罗说：

我想这个过程大概会经历四个阶段。一开始是对新的理念感到兴奋；紧接着，为了专注于那些真正重要的事情需要经历相当多的自我斗争，内疚感会不断涌现；最后，真正的变化开始发生，感觉就像经历了一次重生。我期待着最后一个阶段的到来，到那时，这一切将成为习惯——就像每天刷牙一样自然而然。